低渗透致密储层蓄能压裂理论与实践

钱　钦　杜殿发　孟　勇　杨　峰　张燎源　编著

石油工业出版社

内 容 提 要

本书针对低渗透致密储层蓄能压裂技术，结合对胜利油区低渗透致密油藏开发多年的探索与攻关，从理论基础、渗流规律、优化设计、裂缝识别、矿场实践等方面，详细分析了压力扩散、导流能力变化规律及产能特征，提出了蓄能压裂优化设计方法，阐述了微地震、压裂示踪剂及生产动态分析等裂缝识别方法。

本书可供从事油气开发的科技人员、管理人员及石油高等院校相关专业师生参考阅读。

图书在版编目（CIP）数据

低渗透致密储层蓄能压裂理论与实践 / 钱钦等编著 .
—北京：石油工业出版社，2023.8
ISBN 978-7-5183-6026-0

Ⅰ . ①低… Ⅱ . ①钱… Ⅲ . ①低渗透储集层 - 致密砂岩 - 砂岩储集层 - 压裂 - 研究 Ⅳ . ① P618.130.2

中国国家版本馆 CIP 数据核字（2023）第 095869 号

出版发行：石油工业出版社
　　　　（北京安定门外安华里 2 区 1 号　　100011）
　　　　网　　址：www.petropub.com
　　　　编辑部：（010）64523604
　　　　图书营销中心：（010）64523633
经　　销：全国新华书店
印　　刷：北京中石油彩色印刷有限责任公司

2023 年 8 月第 1 版　　2023 年 8 月第 1 次印刷
787×1092 毫米　　开本：1/16　　印张：10.5
字数：240 千字

定价：100.00 元

我国低渗透致密油藏累计探明地质储量超过百亿吨，而已发现的低渗透油气田占新发现油气田的一半以上，产能建设规模占油气产能建设规模总量的 70% 以上。我国低渗透致密油储层虽然类型多样，但储层物性普遍较差，孔隙度和渗透率总体上小于北美地区，生产动态上常表现为无自然产能或具有较低的自然产能，压裂后早期产量虽较高，但快速进入低产期。因此，如何提高地层能量，保持地层压力在合理地层压力附近，成为制约低渗透致密油藏高效开发的主要因素。为了解决这一难题，人们采用多途径、多方法提高地层能量，其中蓄能压裂是重要的手段之一，可以有效提高压后产量以及初次采收率。

本书是笔者对低渗透致密油藏开发多年探索与攻关的凝结，系统阐述了低渗透致密储层蓄能压裂的理论与实践，共分为六章。第一章主要介绍了蓄能压裂技术概况；第二章阐述了蓄能压裂技术理论基础；第三章从室内实验角度阐述了蓄能压裂的渗流规律；第四章阐述了蓄能压裂参数优化设计方法，讨论了储层与缝网形态、主次裂缝导流能力的匹配关系，分析了压裂前置渗吸液以及压裂后吞吐的合理参数界限；第五章从微地震、示踪剂、生产动态等方面阐述了蓄能压裂裂缝识别方法；第六章介绍了蓄能压裂的矿场实例。

本书立足于低渗透致密油藏高效开发，理论联系实际，内容系统全面，是一本集理论性、创新性和实用性为一体的蓄能压裂技术专著，可供油气开发、矿场生产岗位的科研人员、技术人员和高等院校相关专业师生参考。

本书第一章、第二章由钱钦撰写，第三章、第四章、第五章第二节由杜殿发撰写，第五章第一节、第三节由孟勇撰写，第六章第一节、第二节由杨峰撰写，第六章第三节、第四节由张燎源撰写。全书由钱钦负责最后统稿，李迪、张彬、任利川等参加了资料收集、文献调研等工作。

本书编写过程中得到中国石化胜利油田分公司、胜利油田工程公司及中国石油大学（华东）等单位领导、专家和老师的关心、帮助和支持，在此表示衷心感谢；同时感谢参考文献及相关报告资料的作者、研究人员，由于参考资料较多，在此不能一一列出，深表歉意。

由于笔者水平有限，加上本书涉及内容较多，虽几易书稿，不当之处仍在所难免，敬请读者斧正。

目录 CONTENTS

第一章　蓄能压裂技术概论

美国石油委员会（NPC）认为致密油是来自埋藏较深、较难开采的低渗透沉积岩层中的石油，储层类型多样，可为与烃源岩相邻的砂岩、粉砂岩或碳酸盐岩等。美国能源信息署（EIA）预测，致密油将是未来油气开发的重点，全球致密油产量展望情况如图 1-1 所示，其产量将在未来几年持续快速增长。

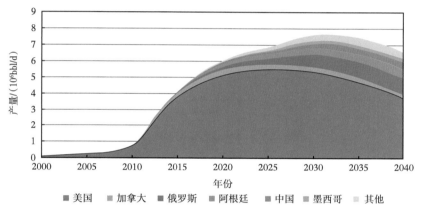

图 1-1　全球致密油产量预测

当前北美地区致密油开发虽然取得了成功，但在客观上得益于高油价的推动；最近几年油价低位徘徊使得致密油开发倍受打击，严重削弱了致密油产量。因为致密油的开发需要大规模的水平钻井和体积压裂，需要高成本高投入，在当前低油价的环境下难以获利。因此有必要对致密油勘探开发技术进行创新突破，以降低综合成本。同时，我国独特的地质条件等状况与北美地区存在巨大差异，我国的致密油开发不能照搬国外经验，需要结合自身特点研制具有中国特色的技术。

我国致密油储层虽然类型多样，但储层物性普遍较差，孔隙度和渗透率总体上小于北美地区。致密油储层岩石虽致密低渗透，但一般发育具有一定方向性的裂缝系统。Leng等（2015）利用高精度 CT 扫描及孔隙成像技术研究了中国致密油岩心的孔隙特征。研究认为致密油中孔隙类型多样，微米孔隙和纳米孔隙连续分布。基质孔隙间的连通性较差，但颗粒间微裂缝和矿物充填微裂缝的存在改善了连通性，也极大增加了储层内的孔隙体积。在毫米尺度上，孔隙度小于 0.005mm 的孔隙占比达到 40%，是主要的致密油储层孔隙区域；在微米和纳米尺度上基质内孔喉连通性差；同时也观察到发育的微裂缝系统，微裂缝长度为 10~100μm，宽度为 1~3μm。

致密油的开采大规模使用"水平井＋体积压裂"技术，但即使如此，一次采收率一般也仅为 5%~10%，相比常规油藏采收率是非常低的。对于常规油气开发，油井的高产期可以维持较长时间；但致密油井一般无自然产能或具有较低的自然产能，压裂后致密油井的早期产量虽然较高，然而单井产量下降快，仅在初期 9~12 个月内高产，此后便进入低产期，如图 1-2 所示。因此如何提高地层能量，保持地层压力在合理地层压力附近，成为制约低渗透油田高效开发的主要因素，也成为低渗透油田开发的有效手段。为了解决这一难题，人们采用多途径、多手段提高地层能量，为低渗透油田效益开发提供了技术支持，其中蓄能压裂是重要的手段之一，可以有效提高压后产量以及初次采收率。

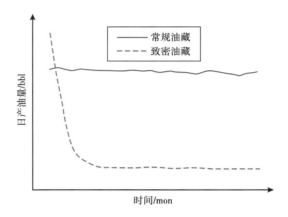

图 1-2　常规油藏和致密油产量曲线

第一节　我国致密油资源概况

近十年来，我国原油消费呈大幅上升趋势，到 2017 年消费量达到 $6×10^8t$。近年来虽然国内原油整体保持在 $2×10^8t$ 的年产水平，但自 2016 年首次降到 $2×10^8t$ 以下的 $1.9969×10^8t$，对外依存度达到 65%，这种状况依然没有得到改变，如图 1-3 所示，2018年对外依存度达到 70.9%，充分开发利用国内石油资源，对我国油气安全具有基础性保障作用。

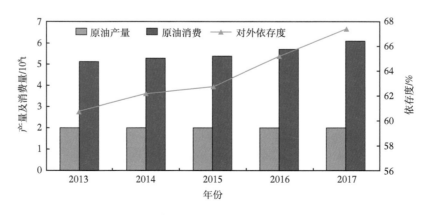

图 1-3　近年我国原油消费与产量情况统计

剩余油资源的构成如图 1-4 所示。中国陆相四大盆地致密油占到未来资源的 30%~50%，其中鄂尔多斯、松辽盆地致密资源占比达到 50% 左右；渤海湾、准噶尔盆地虽然总体占比不高（占 30% 左右），但致密油资源量仍较为可观，同时部分凹陷区块则表现为致密油高度富集，如准噶尔吉木萨尔致密油资源占比高达 96%，资源量达到 16×10^8t。这些致密油资源将是今后增加原油储量、稳定国内原油产量的主要资源基础。

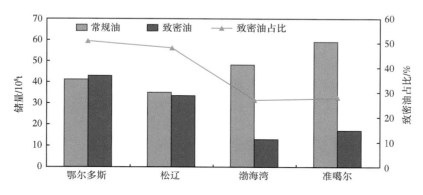

图 1-4 中国陆相重点盆地剩余油资源构成

从致密油绝对资源量看，国内松辽盆地、鄂尔多斯盆地为致密油资源聚集区，储量占到中国致密油资源量的 50% 以上。总体致密油资源量达到 151×10^8t，对致密油按可采难易程度划分为三级储量，近期可通过技术进步等措施，预计可实现 $(9~12) \times 10^8$t 可采储量，资源开发潜力巨大，见表 1-1。

表 1-1 国内主要致密油资源分布情况

盆地	层系	I 级		II 级		III 级		合计
		面积/ km^2	资源/ 10^8t	面积/ km^2	资源/ 10^8t	面积/ km^2	资源/ 10^8t	资源/ 10^8t
松辽	扶余、高台子油层	10790	17.70	6070	11.50	1665	3.70	32.90
渤海湾	大港、华北古近—新近系	710	8.96	1265	3.66	1140	0.60	13.22
鄂尔多斯	延长组长 7 层	14000	14.50	16500	13.90	23000	15.00	43.40
四川	侏罗系	190	0.27	—	—	66500	24.00	24.30
柴达木	扎哈泉 N_1	10	0.25	1250	2.20	540	1.00	3.50
准噶尔	二叠系芦草沟组	230	3.04	820	9.22	310	4.26	16.50
三塘湖	芦草沟、条湖组	—	—	310	2.10	1690	11.00	13.10
二连	白垩系	1020	3.70	330	0.83	—		4.50
合计		26950	48.42	26545	43.41	94845	59.56	151.30

按中国石油致密油开发产量规划，低油价（40美元/bbl）：主要动用Ⅰ类资源，预测2030年产量规模1400×10⁴t，峰值在（1350~1450）×10⁴t。中等油价（60美元/bbl）：主要动用Ⅰ+Ⅱ类资源，预测2030年产量规模2300×10⁴t，峰值在（2200~2300）×10⁴t。高油价（80美元/bbl）：主要动用Ⅰ+Ⅱ+Ⅲ类资源，预测2030年产量规模3100×10⁴t，预测产量规模峰值在（2900~3150）×10⁴t。到2030年致密油总体达到石油产量10%~15%的水平。松辽盆地致密油资源量达到33×10⁸t，占国内致密油资源的20%，占本区剩余石油资源的50%，特别是松辽盆地南部，资源量9.68×10⁸t，探明2.54×10⁸t，待探明7.14×10⁸t，解决该地区致密油开发的技术问题，将有效带动同类区块的效益开发。得益于水平井钻井及水力压裂技术的进步，致密油商业化开采率先在北美地区获得突破，以美国为主体的致密油勘探开发区2011年致密油产量约3000×10⁴t，2012年达到9690×10⁴t。按美国致密油开发情况预测，到2020年产量将达到20300×10⁴t/a的水平，以巴肯和鹰潭为代表的致密油主产区的大规模动用，已成为美国新的经济增长点。成功的商业化开采驱使大量资本投向致密油资源领域，使得美国致密油开发规模不断扩大，产量实现了跨越式增长；同时大规模的开发需求也成为勘探开发技术的研发导向，以美国为代表的北美地区一直引领着致密油勘探开发技术的发展，国内致密油气勘探开发技术理念很大程度上都借鉴或整体复制于其成功的经验做法。据《BP 2030年世界能源展望》报告预测，到2030年，全球致密油产量将达到900×10⁴bbl/d的水平，致密油产量将占到总体原油产量的9%以上，虽然原油产量总体增长放缓，但致密油产量增长迅速，年产量将由2012年9690×10⁴t增加到2030年的44700×10⁴t，其增产量将占到全球产量增长的50%以上。受资源潜力及勘探开发技术配套程度影响，北美、俄罗斯、中国、南美地区将是致密油产量增长的主要地区，但北美占主导的地位仍无法改变，该地区致密油产量将占到总产量的60%以上，如图1-5所示。

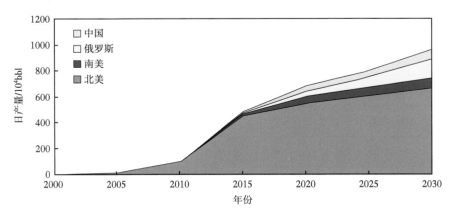

图1-5　BP预测各主要致密油生产地区今后产量情况

国内对致密油藏已开展相关先导开发试验工作，目前已完钻2151口，投产1332口，大部分为水平井+水力压裂模式进行开发。其中长庆致密油开发试验取得成功，实施水平井393口，投产379口，初期平均产量9.6t/d，已建成产能112.34×10⁴t；吉林油田松辽盆地南扶余致密油先导试验区水平井53口，初期产量1.4~55t/d，平均6.2t/d，相对周边直井提高17倍，这些地区的开发试验工作为致密油的有效开发奠定了基础。

第二节　致密储层压裂发展历程

在国内随着常规油资源逐步进入开发后期，资源接替不足，开发对象发生转变后致密油才成为关注的热点，国外在 20 世纪 40 年代就对致密油有相关的研究记录，并对其进行相关基本定义。国内的研究重点主要关注于致密油的油藏形成过程的特殊性，同时对致密油藏储层与常规油的差异性开展研究，并以此为依据对致密油给予判定，对致密油的参数标准进行划分。

随着致密油资源的勘探开发不断获得重视，对于致密油的定义近年来也引起研究者的关注。国外有研究者认为，致密油即页岩油，指特低渗透（页岩等）地层中含有的常规油，与油品性质无关，只取决于储层渗透特性，即储层为低渗透；部分研究者认为，致密油与成藏条件密切相关，在储层低渗透条件下具有生储一体的基本特点，从岩性上看页岩、砂岩都可归结到致密油领域。还有部分学者从开采工程技术措施入手，对致密油进行定义，认为在储层低渗透的条件下，必须借助非常规开采手段，如大规模水力压裂、水平井等技术才能商业化开采的油藏，都可认为是致密油藏。国内研究学者对致密油的定义较为宽泛，致密油既包含页岩，又包括致密的砂岩等油藏（只要是需要采用非常规开采技术手段获得商业开发的油藏，都可归结到致密油范围当中）。综合国内外相关研究认识，对于致密油相关认识初步可总结为具有以下基本特征：致密油与储层岩性无关，只取决于储层的渗透特征，致密油储层渗透率远远低于常规低渗透油藏，致密油既可能是页岩，也可能是砂岩，从油品特性上，一般为常规稀油，最核心的一点是该类油藏采用常规技术难以有效开发动用，一般必须采用水平井或大规模水力压裂方式进行开发。近十年来，随着北美致密油资源的商业化开采，以致密油为代表的非常规资源已成为研究的热点，并有大量的研究成果发表，在较大程度上也表明了各地区对于该领域的研究水平和关注热度。

美国已成功利用水平井＋体积压裂等新技术对致密油和页岩区带商业化开采，尤其页岩区带年产量达到 $2800 \times 10^4 t$。体积压裂（SRV）的核心是在水力压裂施工过程中，通过采用大排量、高液量的施工参数，使被改造储层被充分"打碎"，把人工裂缝进一步复杂化，进而提升人工裂缝的控制程度。与传统水力压裂不同之处在于：传统压裂侧重于形成一条主裂缝，并强调其在改造渗流状态中的作用，而体积压裂则更多强调形成多裂缝，甚至于形成裂缝网络，从而达到改造体积提升目标，这种改造模式对储层自身渗流能力极低的致密油来说，可以有效建立具有较大波及体积的渗流通道，提高原油在储层中的渗流能力，并最大限度增加储层内可动流体，从而达到提高开发效果目标。但"水平井＋体积改造"模式压裂后注水开发容易导致水窜，大量的原油仍存在于基质中，水驱采收率低，一次采收率仅限于 5%~10%，进一步提高致密储层采收率的问题亟需解决，国外研究者把进一步提高采收率的研究重点转向改变储层表面特性方面，它直接影响到储层的多种物理特性，与储层的温度、矿物成分等有关，通常可通过加热、低矿化度盐水和表面活性剂等方法改变储层润湿性，降低油水界面张力。国内基于对低渗透油藏开发技术的积累和对国外成功经验的借鉴，在致密油提高产量的投产措施上也普遍采用水平井＋水力压裂方式，同时开展了后期注水能量补充试验。该种开发模式具有初期产量较高、注水见效慢或不见效、产量递减快的基本特征，其根本原因在于单一裂缝为目标的压裂改造模式对于大部分储层孔隙基质的渗透性没有起到改造作用，大部分储层流体由于受到自身极其微小孔喉结构限制，渗流阻力大，无法参与到后期的储层渗流中，注水在较大驱替启动压力下，短期内无法起到驱替能量补充作用，注水驱替时原油基本没有动用，所以衰减速度特别快。研究者开展其他方式的能量补充试验，并取得初步认识。对于致密油的开发，关键是要解决两个方面的问题，一是如何最大限度改造储层，以改造储层基质渗透率和储层体积为目标，充分利用水力压裂提高裂缝的控制储量，使更多的储量成为可动流体，参与到渗流当中，提高压后产量；二是能量的有效补充问题，鉴于注水补充能量难以有效地实现，必须拓展压裂液的功能，使之在完善压裂任务的同时，具有补充能量、驱替原油的双重作用。

一、蓄能渗吸置换发展历程

致密油藏低孔、低渗透的基本特点，使得其渗流规律与常规油藏有着根本性区别，在纳米级孔喉结构特征下，流体的运动用传统的渗流理论来描述已不适应，流体的交换在较大程度上表现为渗吸作用，储层的毛细管力将起到主导性作用，是影响采收率的一个关键指标。在对致密油藏研究中，把毛细管力作为一项重要研究内容，从而认识在不同储层孔隙条件下的渗吸规律，具有重要意义。从提高采收率的普遍意义上看，目前大多把研究重点放在储层本身的孔隙特征、具有表面特性的润湿类型、液固之间的界面特点等方面，并形成了以调整驱替流度比、转变润湿特征为目的的提高采收率技术措施。对于致密油藏而言，常规的驱替规律已然不适用于这种极低的孔喉特征，目前的研究大多集中在流体的渗吸置换当中，研究的重点以润湿性和界面特性为主导，并在此基础上确定渗吸置换的基本规律。

国外伴随着致密油的勘探开发，较早注意到渗吸作用在该类油藏开发中的作用，并从 20 世纪 60 年代开始研究渗吸渗流机理，主要包括自发渗吸油水两相渗流、毛细管力作用及渗吸影响因素等方面。中国计秉玉等（2002）利用室内实验并结合油藏工程方法研究了渗吸渗流机理及渗吸作用的影响因素；张芝英等（2004）建立了自发渗吸数学模型。对于致密油藏而言，渗吸与常规油藏开发中注水、注气等驱替原油作用类似，在提高采收率中起到主导作用，是致密油开采的主要方式。渗吸的基本作用机理是利用储层的润湿特性及毛细管力，驱替介质把油气从孔隙中置换出来，从而提高油气的产量。致密油藏目前总体采用大规模体积压裂进行储层改造，在大规模缝网结构下，压裂液能够深入到储层细小孔隙内部，并在孔隙毛细管力的作用下作为润湿相流体渗吸置换出孔隙中的油气，使之进入人工裂缝系统，完成渗流过程，因此，研究渗吸基本规律是致密油开发中的一项基础工作。对于储层渗吸能力的大小，研究表明只取决于不同孔隙间的毛细管压力的差异，是特定储层条件下的固有特征，在研究渗吸规律时，目前关注的重点仍为静态渗吸，即在没有外加应力条件下，只考虑毛细管力时的驱替特征。在实际研究中，根据油水交换方向的不同而将静态渗吸分为以下两种：反逆向渗吸和同顺向渗吸。

致密油矿场开发试验表明，受其储层极低的孔喉特点、极小孔隙结构的影响，采用常规的注水开发，难以建立起有效的驱替关系，无法通过注水方式获得有效开发。通过大规模水力压裂、进一步提高压裂液用量或进行阶段性的注入吞吐，能较好保证油井具有较高的初产和稳产水平，从而验证了利用压裂液或吞吐水的渗吸置换在该类油藏中将起主导性作用，这一作用在实验研究中也得到验证，一些研究者在对致密油储层岩心开展驱替实验时实验结果表明，渗吸阶段置换出原油占总采收率的 20% 以上，渗吸作用不可忽视。国内对于渗吸作用的研究大多采用室内实验测定的方式进行，通过给定岩心情况下对不同润湿相流体进行自发渗吸评价，进而得出不同流体条件下的渗吸规律。在考虑压裂液渗吸作用的同时，对压裂液的损害目前研究还以水锁、水敏研究为主，研究方法还以渗透率变化为标准，近年引入核磁共振实验方法。国外在进行实验研究的同时，开展了基于毛细管的管流方程及达西定律为基础的数模计算方法研究，通过数模求解的方式，对致密油储层自发渗吸规律进行了研究，并给出了渗吸量、渗吸时间等关键参数的计算方法。压裂液渗吸作用得到普遍认可，研究合理的压裂液用时得到研究者的重视，并被视为一项重要的技术内容，许多研究人员探索过通过焖井蓄能来提高产能。国外研究者通过在压裂液中添加表面活性剂开展渗吸驱替实验，见到较好的提高采收率效果，统计发现某些井在焖井后 30d 开井平均产量最高提升了 4.4 倍。但也有学者指出关井期间的渗吸会造成水锁伤害，降低油相渗透率。应用表明，采用压裂液渗吸关井驱替，收到的效果不尽相同，一般取决于油藏的特点，统计 4 个区块效果表明，有 3 个区块见到好效果；长庆油田进行致密油注水吞吐试验，见到效果。除现场实践验证外，有研究者还对此开展了室内实验和数值模拟研究工作。

二、CO_2 蓄能压裂发展历程

1981 年，有学者首次提出二氧化碳作为压裂液进行压裂施工。1981 年 7 月 16 日，该项技术首次应用于加拿大 Glauconite 砂岩油藏。1985 年，有学者开始研究二氧化碳干法压裂液的数值模拟技术。Garbis（1986）对二氧化碳物性特征进行了详细描述。

二氧化碳干法压裂自发明以来在北美地区进行了大量应用，1993 年，针对肯塔基州东部 Devonian 水敏性页岩地层，美国能源部（DOE）资助了一项液态二氧化碳干法压裂试验。从试验结果看，压裂后 9 个月，液态二氧化碳干法压裂增产效果是氮气压裂的 1.9 倍，是氮气泡沫压裂的 4.9 倍，压裂后 5 年，液态二氧化碳干法压裂平均增产效果是氮气压裂的 3 倍，是氮气泡沫压裂的 6.5 倍。

从 20 世纪 80 年代早期美国、加拿大采用以液态二氧化碳为基础的压裂液体系进行储层改造开始，北美地区已累计实施干法二氧化碳和超临界二氧化碳压裂施工 2000 余井次，最大井深 3226m，最高施工温度 100℃，其中页岩气储层取得了非常显著的增产效果。

然而液态二氧化碳作为压裂液有其不可避免的缺点，二氧化碳黏度较低，液态下黏度约为 $0.1mPa \cdot s$，气态和超临界状态下黏度约为 $0.02mPa \cdot s$，远远低于水。较低的黏度导致压裂液滤失量大，携砂和造缝能力差，限制了压裂施工的规模，需提出改善体系性能的有效方法。

Gupta 等（2004）提出通过提高液态二氧化碳的泵送速度来提高其悬砂能力。流体的高速运移所引发的湍流足以将支撑剂带入射孔处，支撑剂进入裂缝后，在湍流的影响下会增加与裂缝壁面的摩擦，从而减缓其沉降速度。然而，提高流速将大大增加施工过程中的摩阻损耗，从而提高对施工设备的耐压要求，增加安全隐患。另外，液态二氧化碳进入裂缝后，其流速将大幅度降低，在裂缝中湍流现象消失，携砂能力急剧下降，导致近井裂缝中形成砂堵，造成施工失败。另一种方法为提高液态二氧化碳的黏度，在二氧化碳中添加对应的增稠剂，增强其携砂能力，扩大施工规模。

液态二氧化碳进入地层后，由于液态二氧化碳黏度极低，且不具备造壁性能，其滤失

速度比常规压裂液高得多。Tudor认为气体从裂缝滤失进入地层的过程与气体高速产出的过程类似，在流动过程中，气体高速流动的紊流作用会产生一个和流速相关的表皮，其作用可以控制流体的滤失速度。同时，气体进入地层后，温度升高，压力降低，导致气体的体积膨胀，气体膨胀同样有助于控制滤失。

国内对二氧化碳前置蓄能体积压裂研究方面还处于起步阶段。川庆钻探工程有限公司工程技术研究院于2011年在苏里格气田成功进行了不加砂二氧化碳干法压裂现场试验，并于2013年8月在苏里格气田成功进行了二氧化碳干法加砂压裂现场试验，压裂施工排量2.0~4.0m³/min，加砂量2.8m³，平均砂比3.5%，压后无阻流量3×10^4m³/d，与采取常规瓜尔胶压裂液技术的邻井相比，二氧化碳干法加砂压裂液技术增产效果明显。通过施工表现出二氧化碳干法压裂技术能够形成动态裂缝，具有一定的增产、稳产能力，且压后返排迅速。但也存在一系列的缺点，如：施工管路摩阻较高，滤失较大、返排过程中易在管柱中产生冰堵等。此外，2014年S油田高凝油井黑79-31-45井采用烟台杰瑞密闭混砂车进行液体二氧化碳压裂施工，注入二氧化碳压裂液290m³，排量3.9m³/min，施工压力40~65MPa，共加砂10.5m³，砂比4.8%。

20世纪80年代无水纯液态二氧化碳作为压裂液体系开始在北美地区使用；Settari和Aziz（1975）通过对液态二氧化碳压裂数值模拟的研究，探讨了低温低黏液体如何影响压裂裂缝形态、滤失、携砂性能。Campbell等（2000）对液态二氧化碳加砂压裂的地面设备流程以及压裂设计进行了论证。Bullen等提出液态二氧化碳压裂液适用于低渗透低压以及强水敏性储层的非常规体系，且在美国和加拿大致密气藏开发中得到了广泛应用。

国内对二氧化碳压裂技术的研究起步比较晚，陆友莲等（2008）对纯液态二氧化碳压裂的非稳态过程进行了数值模拟研究，长庆油田和延长油田也对二氧化碳压裂进行了现场试验，都取得了较好的成果。出于对非常规油气开发的需求和压裂技术的发展，人们开始了用超临界二氧化碳进行压裂增产改造的研究。二氧化碳在压力大于7.38MPa、温度大于31.04℃时，会达到超临界状态，超临界二氧化碳流体既不同于液体，也不同于气体，具有表面张力极低、流动性极强、对非极性溶质有较强的溶解能力等特殊的性质，在压裂中有其独特的优势。目前，超临界二氧化碳压裂作为二氧化碳干法压裂的发展趋势，是一种较前沿的技术，国内研究得很少，国外研究也不多，主要有日本东北大学和京都大学。

第二章　蓄能压裂技术理论基础

所谓蓄能就是针对低压区块或储层，采取在油井端或水井端注入的方式，向地层注入一定量的蓄能介质，通过蓄能介质在地层的渗吸、扩散，实现压力传导，从而提高地层能量。

蓄能方式可分为四种：一是恢复能量，即将油井关井，周围对应水井注水进行能量培养，该方式能量恢复效果好、成本低，但停井培养时间长，影响区块产量，无法计量单井蓄能量；二是注水管线蓄能，即通过水井注水管线向油井直接注水，该方法成本低，可准确计量注入量，但水井压力低，注入压力与泵压持平后蓄能量无法保障；三是泵车蓄能，即采用小型泵车小排量向油井注水，该方式注入速度快、时间短、成本较低，但需要保障蓄能水质；四是压裂蓄能，即在压裂过程中通过压裂车组以前置液的方式大排量大液量向储层泵注，该方式注入速度快、效率高，可准确计量注入量，能够实现快速补能，并且可起到造缝、增大改造体积的作用，但施工成本高，施工保障要求高。前三种均为压前自蓄能方式，第四种为压裂蓄能方式，本书主要介绍压裂蓄能方式。

第一节　蓄能压裂基本原理及特征

一、渗吸置换蓄能基本原理

蓄能压裂能快速补充地层能量。注渗吸液蓄能压裂是指压裂时对地层注入大量滑溜水及携砂液，可使地层压力大幅提升，补充能量。

在多孔介质内两相流体驱替过程中，润湿相驱替非润湿相过程称为吸入过程，该吸入过程常伴随自发渗吸过程，即在没有外力条件下润湿相可以依靠两相界面上的毛细管力将非润湿相排出。在致密油藏开发过程中，应用油层毛细管力的渗吸作用，使水从裂缝进入基质，从而使基质中原油被驱替出来，其具体实施方法有注水井转油井和高含水油井转注水井。

自发渗吸过程中润湿相置换非润湿相机理可以概括为：润湿相在附着张力作用下，向岩样深部吸入，在不断吸入的同时，润湿相前缘吸附在弯月面的固体壁上。当四面同时吸入时，岩样孔隙系统呈现瞬时封闭状态。此时，孔隙系统中非润湿相能量增大，具有向岩样外部流出的趋势。润湿液进一步自喉道进入孔隙，由于界面增大，吸入能量降低，非润湿相即可向岩样外部溢出。当润湿相重新进入第二个喉道时，切断了非润湿相，这部分被切断的非润湿相将残留在孔隙系统中构成残余非润湿相的一部分。当岩样喉道大小分布不均一时，细喉道吸入润湿相而粗喉道排出非润湿相的过程可以同时发生，这种能量不平衡使非润湿相流体从大孔隙中排出也是一种重要现象。当润湿相吸入切断了排出通道时，非润湿相就会被捕集下来而形成残余饱和度。

二、注 CO_2 蓄能压裂基本原理

由于非常规油气藏通常表现出较差的物性，且呈水敏性，水力压裂极易对地层环境造成伤害。采用水力压裂技术还会消耗大量的水资源，压裂液中的化学成分会对地下水造成潜在的危害，同时产生大量返排液废水，增加了后续处理费用。在水资源匮乏、用水形势越来越严峻、环境问题日益突出的情况下，国内外均加大了无水蓄能压裂技术的研发力度。

二氧化碳本身具有压缩特性，可以用来存储能量，来源广泛，所以无水蓄能压裂一般采用液态二氧化碳或超临界二氧化碳作为压裂液。液态 CO_2 压裂液是用液态 CO_2 作为携砂液，与支撑剂混合后，进行地下储层压裂，具有对储层伤害小、返排迅速、可循环利用等优点。与液态 CO_2 压裂技术相比，超临界 CO_2 压裂技术具有更多的优势，并且弥补了传统技术的很多不足。超临界状态的 CO_2 流动性比较大，密度也相对比较大，溶解能力比较强，摩擦阻力较低，发展前景更为广阔。通过控制温度和压力，CO_2 能够达到超临界状态，超临界 CO_2 流体黏度低、扩散系数高、表面张力接近于零，具有诸多独特的物理和化学性质。超临界 CO_2 压裂容易使储层形成复杂裂缝网络，同时流体中不含水，不会引起储层黏土膨胀和水相圈闭伤害；此外，超临界 CO_2 压裂后返排迅速，可大大缩短油气井的非生产时间，提高经济效益；同时 CO_2 吸附性强，能够在置换页岩中吸附的甲烷分子提高产量和采收率的同时，实现 CO_2 的永久埋存。因此，超临界 CO_2 压裂技术被认为是一种具有广阔应用前景的新型无水蓄能压裂技术。

1. 作用机理

注 CO_2 吞吐指注入井底压力在低于地层破裂压力情况下向地层内注入液态 CO_2，然后关井将 CO_2 焖闭地层一定时间，再开井进行生产，即主要分为注入—焖井—生产三个阶段。注 CO_2 吞吐过程中，各阶段 CO_2 发挥不同的主要作用，其主要作用机理按照各阶段分为如下部分。

（1）注入过程。

在注入过程中 CO_2 逐渐溶于原油中，原油体积逐渐发生膨胀，使得原油黏度降低，原油在储层中的流动性显著提高。另外，注入的 CO_2 部分溶于地层水，使得地层水黏度增大，流动性降低。因此该阶段 CO_2 主要作用为改善了油相和水相的流度比，提高驱油效率。

（2）焖井过程。

随着 CO_2 与地层流体接触时间增大，CO_2 逐渐充分溶于原油中，原油体积膨胀增强，原油饱和度明显增大，极大地增大原油流动性。同时注入 CO_2 提高地层压力，补充地层能量，增大油井产能。另外，溶于水的 CO_2 与水发生反应生成碳酸，溶解部分储层孔隙喉道岩石，降低渗透流阻力，有效地增大储层渗透率，并抑制黏土类物质膨胀堵塞孔隙喉道。因此该阶段 CO_2 的主要作用为改善油水流度比、补充地层压力及降低渗透流阻力。

（3）生产过程。

开井生产过程中由于地层压力的降低 CO_2 逐渐从原油脱出，由于气体的流动速度快，有效增大了原油流动速度。同时该阶段地层流体能够携带部分孔隙喉道堵塞物，提高油层开采效果。因此该阶段 CO_2 主要作用为产生 CO_2 发挥溶解气驱等作用。

对于致密油藏压裂后 CO_2 吞吐开发，与普通稠油油藏相似，存在很多影响开发效果的

不确定参数，如 CO_2 注入量、注入速度、焖井时间等。注入量过小不能有效地补充地层能量，过大易致使地层原油驱至地层深处过远，无法回流井筒，影响原油产出。注入速度过小影响 CO_2 波及范围与施工进度，速度过大容易形成指进，深入油藏过远，影响着 CO_2 驱油效率，即影响着油藏动用程度进而影响油井产能。焖井时间决定了 CO_2 在油藏中的溶解及对流扩散程度，对于降低原油黏度、改善油水流度比有重要作用。焖井时间太短 CO_2 溶解扩散不彻底，与原油未实现完全混合，开井时会大量返排，造成原料浪费，没有起到 CO_2 应有的增产作用；焖井时间太长又会消耗 CO_2 的膨胀能，CO_2 从原油中分离出来，降低 CO_2 的利用率，失去注气吞吐意义，所以焖井时间的长短需要合理选择。

2. 面临的挑战

超临界 CO_2 压裂技术经过十几年的发展，取得了长足进步。但一些关键技术问题仍未突破，相关机理仍不明确，其工业应用面临着一系列挑战。主要表现在以下 4 个方面。

（1）携砂能力差，易砂堵。

超临界 CO_2 的黏度远低于水基压裂液的黏度，其密度也比水小，使支撑剂在井筒和缝内携砂过程中容易沉降，堆积在井底或者裂缝跟端，造成压裂施工过程中井底和缝端频繁砂堵。

（2）流动摩阻高，易超压。

超临界 CO_2 在井筒中的流动摩阻明显高于常规的水基压裂液，尤其在喷嘴喷射阶段，超临界 CO_2 射流摩阻更大，需要较大的施工压力才能达到排量要求，造成地面设备频繁超压，影响正常施工。

（3）压裂机理认识不清。

超临界 CO_2 是一种可压缩性极强的流体，同时其物理性质受温度和压力影响较大，因此在压裂过程中的高温高压条件下，其与岩石的相互作用机制非常复杂，不仅要考虑压力场和温度场，而且要考虑超临界 CO_2 滤失、超临界 CO_2 物性参数变化，以及化学作用。虽然在超临界 CO_2 压裂起裂和裂缝扩展方面做了大量工作，但只是停留在表面现象的观测和分析，深层次的机理问题仍未得到解决。

（4）地面和井下专用设备工具缺乏。

超临界 CO_2 流体性质与水有较大差别，常规压裂设备不能满足作业要求，如混砂设备、井下喷射压裂工具、地面循环冷却装置等，需要结合超临界 CO_2 的特殊性质，研制专用的地面和井下设备，并形成相适应的工艺流程。

3. 发展方向

面对上述难题，超临界 CO_2 压裂技术可以从以下方向取得突破。

（1）提高携砂能力方面。

研制新型环保增黏剂，超临界 CO_2 增黏的瓶颈问题是备选增黏剂在其中的低溶解度。研究分析认为，超临界 CO_2 增黏的主要研究趋势包括：

①超临界 CO_2 专用增黏剂应具备两亲特性，分子量较低的低聚表面活性剂或两亲性酯类化合物是值得研究的备选增黏剂；

②作为配合措施，应开发新型低密度支撑剂，以降低对压裂液黏度的要求，与增黏剂共同用于超临界 CO_2 压裂；

③含氟化合物是目前为止最有效的 CO_2 增黏剂，对超临界 CO_2 具有亲和性，但成本高、对环境有污染，应研究含氟化合物在超临界 CO_2 中的溶解机制及其分子间相互作用的

本质及规律并进行对比分析，有助于开发不含氟超临界 CO_2 增黏剂；

④目前所用分子模拟方法一般为 0K 下的量子化学计算，且无法模型化整个增黏剂分子，应采用能够模拟压力作用下有限温度的分子动力学模拟；

⑤未来随着纳米纤维技术的发展，在超短纤维增黏方面将取得突破，实现超临界 CO_2 物理增黏。

（2）降低摩阻方面。

结合增黏剂的研制，开发适合于超临界 CO_2 的减阻剂，此外，也可以通过提高流体流动截面积的方式降低流动阻力，如增大井筒直径，从钻井设计之初就考虑后续超临界 CO_2 压裂完井方式。

（3）压裂机理方面。

①压裂起裂和裂缝扩展机理研究，需要采用扩展有限元、边界元或更高级的模拟方法，追踪裂缝起裂和扩展过程中的多场耦合作用，辅以实验手段，深入认识和揭示裂缝起裂和扩展机理。

②压裂液携带支撑剂研究，影响裂缝内超临界 CO_2 压裂液携带支撑剂的主导因素为压裂液的黏度、紊动能力和两者之间的密度差，在厘清裂缝内超临界 CO_2 压裂液携带支撑剂运移理论，需进一步探索不同裂缝形态、增黏后超临界 CO_2 压裂液体系对携带支撑剂运移效率的影响，为超临界 CO_2 压裂现场施工水力参数设计提供指导。

③超临界 CO_2 滤失机理研究，现有研究对滤失机理有了初步的认识，但仍需开展深入研究。

（4）地面和井下专用设备工具方面。

超临界 CO_2 流体穿透性强，对压裂施工设备的密封性与防穿刺能力要求较高，因此需要对压裂施工设备的材质进行改进。在常规水力压裂技术基础上，结合超临界 CO_2 流体特性，通过数值模拟和实验测试等手段，研制耐腐蚀密封性好的高压管线、大排量高压泵、高效能混砂设备、CO_2 压裂相态精细控制系统和井口压裂液均匀快速加热控制系统，以及配套专用井下装置。

这些主要问题的解决将进一步推进超临界 CO_2 压裂技术的常规化、规模化现场应用，促进该技术的快速发展。同时，也要积极推进相关辅助问题的解决，如井筒压力和温度预测、水合物防控等问题，以进一步提高该技术的成熟度。未来超临界 CO_2 压裂技术将逐渐从目前的直井单层压裂向水平井多级压裂发展，从传统的油管压裂向连续油管高效拖动压裂发展，逐渐满足页岩气、煤层气、致密砂岩气等非常规油气的规模化开发需求。

因此在以上相关研究结果基础上，开展致密油藏压裂 CO_2 吞吐模拟，对影响开发效果的几个主要油藏工程参数进行优化设计，得到 CO_2 吞吐开采的技术政策界限。

第二节　蓄能压裂用剂筛选

一、渗吸液类型及筛选

1. 常规水溶液

自 20 世纪 50 年代以来，国外科技人员对润湿相流体在多孔介质中依靠毛细管力作用置换非润湿相流体现象即渗吸采油机理和规律开展了大量研究。Aornosfky 等（1958）建立了渗吸驱油指数关系式方程，Kyte 和 Rpaoport（1958）提出了渗吸采油准则，Gharma 和 Mnnano 等先后采用三角形和方块岩心完成了渗吸实验研究，Mttxa 和 Parosns 等完成了底水上升渗吸采油实验，建立了采收率与无量纲时间关系曲线。Parosns 和 Imy 用称重法和毛细管法完成了淹没渗吸采油实验，发现淹没渗吸采油实验结果与底水上升渗吸采油实验结果具有一致性，这些实验研究结果为致密裂缝性油藏合理注水开发方式提供了理论依据和技术支撑。

近年来，国内在渗吸理论研究方面也取得了很大进展。经过对火山岩孔隙介质自发渗吸驱油实验研究，发现水在孔道中自发渗吸驱油有活塞式和非活塞式两种方式。在活塞式渗吸驱油过程中，水在孔道中均匀推进，驱油比较彻底，非活塞式驱油，水沿孔道边缘前进，将原油从孔道中央排出。后一种情况因为含有较多残余油而使自发渗吸驱油效率低下。根据孔隙结构，发现逆向渗吸驱油可以有两种形式，水从孔道细端吸入，原油从孔道粗端排出；在较粗孔道中，水从边缘夹缝吸入，油从孔道中央排出。另外，经过对介质表面润湿程度对自发渗吸驱油的影响分析发现，孔隙尺寸越小，越容易发生活塞式驱油。储层中喉道和基质微孔隙中水驱油为活塞式，非活塞式水驱油主要发生在较大孔隙中，它是残余油形成于孔隙的重要原因之一。自吸水驱油方式将因润湿相不同而异，孔隙介质亲水性越强，非活塞式驱油越严重。

同时，介质润湿性对渗吸程度也有较大影响。一般强水湿岩心渗吸程度大于中等水湿岩心渗吸程度，而中等水湿岩心渗吸程度要大于弱水湿岩心渗吸程度。强亲水砾岩低孔低渗透油藏岩心渗吸速度快，渗吸采收率高。中—弱亲水细—粉砂岩岩心渗吸速度较慢，渗吸采收率较低，而亲油性细—粉砂岩岩心未见渗吸发生。

渗吸主要影响因素有以下 3 点。

（1）岩样润湿性，岩石润湿性主要受油层岩石表面性质、流体性质以及岩石中流体分布状态三种因素控制。

（2）岩石物性，当气测渗透率小于 0.01mD 时，岩石没有渗吸能力。

（3）岩石非均质性，对裂缝性低渗透油藏而言，水驱初期，以驱替作用为主，渗吸作用较弱；水驱中期驱替和渗吸都起作用；水驱后期和末期，渗吸作用逐渐增大，即随着驱替过程进行，在采出原油中驱替作用逐渐减弱，渗吸作用逐渐增强，即在驱动力作用下水主要进入较大毛细管孔道。随着驱油过程进行，大毛细管中油越来越少，靠毛细管力渗吸采油作用逐渐增加。

由此可见，充分发挥水驱裂缝油藏渗吸作用对于提高油藏原油采收率具有重要的实践意义。

2. 表面活性剂溶液

自发渗吸是裂缝油藏的采油机理，Morrow 和 Mason 的文献报告代表了该技术和理论的发展前缘。该文献认为，从弱水湿到强水湿的不同润湿性岩心，渗吸速度和渗吸采出程度相差将近几个数量级。强水湿条件下，渗吸过程首要驱动力是毛细管力，自发渗吸在油湿油藏和碳酸盐岩油藏中变得不再重要。据 Treiber、Archer 和 Owens 油藏介质润湿性测定，碳酸盐岩中 8% 是水湿，8% 是中等润湿，84% 是油湿。硅酸盐地层中 43% 是水湿，7% 是中等润湿，50% 是油湿。在裂缝性油藏中，波及效果和渗吸过程对岩石表面油湿转变作用较差是造成残余油饱和度较高的主要原因。Googre 和 Dahnua 等曾研究出了一种破坏原油滞留机制的方法，即将油层润湿性变为水湿和降低界面张力。因此，表面活性剂渗吸驱油逐渐得到重视，这方面的工作也逐渐开展起来。

Ausatd 等（1998）调研了表面活性剂改善介质表面润湿性方面的应用及其提高泥灰岩和白云岩的自发渗吸潜力，Chen 等研究了非离子表面活性剂提高渗吸作用和机理，Dag 等对 46 种表面活性剂提高泥灰岩岩心渗吸能力进行了评价，并提出相应优选方法和原则。E.A.SFinler 等研究了表面活性剂溶液渗吸采收率与时间的关系，发现向渗吸体系中加入 300mg/L 表面活性剂溶液，油水界面张力从 52mN/m 降低到 8.8mN/m，原油渗吸采出速度增加，部分研究者认为这归因于表面活性剂将部分表面转换成强水湿表面，即润湿性影响大于界面张力变化带来的影响时，就会有较高渗吸驱油速度。

目前，对于表面活性剂在渗吸驱油中的作用，大致分为两个方面。一是以降低界面张力为目标，以使被毛细管力圈闭的油变为可动油而采出。在过去 20 年中，研究人员致力于用表面活性剂提高裂缝性油藏采收率。另一方面，则着重于将润湿性改变为水湿，以利于加强渗吸作用。与表面活性剂改善介质润湿性促进渗吸作用相比较，降低界面张力会减弱渗吸作用效果。因此，表面活性剂选择时要考虑界面张力和润湿性对渗吸采油的影响。

二、CO_2 压裂剂类型及筛选

压裂技术作为中低渗透油气田的重要增产措施，目前在国内外已经得到了长期广泛的应用，然而传统的水基压裂液存在破胶不完全、返排不彻底以及在地层中存在滞留量大等问题，对地层伤害严重同时也不利于后期油气生产。因此 CO_2 压裂技术由此而生，作为新型压裂技术，该方法具有对地层伤害低、易返排、适用性强等优点，因此得到广泛的应用。目前该方法主要分为常规 CO_2 压裂、超临界 CO_2 压裂、CO_2 泡沫压裂等，针对不同的压裂方法有不同的 CO_2 压裂剂类型，根据应用领域的不同筛选不同的 CO_2 压裂剂。

目前，常规压裂通常将液态 CO_2 加入水基压裂液基液中，从而形成液态混合体系，通过注入混合体系来压裂改造地层。因此，在常规压裂过程中，液态二氧化碳就成为主要的压裂用剂。液态二氧化碳在压裂领域的使用始于 20 世纪 60 年代。Armistead 等（1969）将液态二氧化碳和支撑物质混合作为压裂液，压裂完成后，液态二氧化碳会气化并流出。Hurst 等也提出了采用液态二氧化碳的压裂方法。超临界二氧化碳的应用晚于液态二氧化碳，Stevens 将超临界二氧化碳与极性醇或二醇的混合物作为压裂液，可降低储层伤害，极性醇的加入可以增加二氧化碳的黏度从而实现良好的携砂。其后液态二氧化碳压裂液复配体系开始出现，Samuel 等（2023）对液态 CO_2 与 N_2 压裂体系进行了模拟，探究 N_2 的加入量等对摩阻、成本等的影响。Dow 公开了一种压裂液，包括液态二氧化碳、液化石油气和支撑材料。Stacy 提出了一种气液复合压裂液，液相是液态二氧化碳，气相是氮气。该压裂液可以克服二氧化碳由于在水中较高的溶解性能，需要较多时间才能从液相转变为气相从而才能返排的缺点。Gupta（2004）公开了一种由液态二氧化碳和烃类混合的压裂液，在液态 CO_2 中加入溶解性较好的氟醚类起泡剂，同时通入 75%~80% 的 N_2 从而提高混合体系黏度以及稳定性。Teng 公开了采用液态二氧化碳与甲醇的混合物压裂液。Wilson 等也研究了二氧化碳与支撑剂组成的压裂液体系。

对于超临界 CO_2 压裂，二氧化碳的增黏或携砂也是其研究的热点，Heller 等（1983）对不同烃类聚合物的溶解性与黏度评价进行了深入的研究，发现只有少数聚合物有轻微的增黏作用。但是他们得出了以下结论：溶于原油的非极性有机物有可能溶于二氧化碳，易溶于水的物质在二氧化碳中溶解度很小。Hoefling 等（1991）主要研究一系列无氟聚合物在超临界二氧化碳中的溶解情况，结果表明 PVAc 在高压条件下完全可以溶于二氧化碳中，通过对其改性后可以起到很好的增黏效果。赵梦云等（2004）公开了一种二氧化碳压裂液增稠剂，是由含亲二氧化碳的单体或低聚物与具有相互吸引缔合特性的单体或低聚物经嵌段聚合制备的高分子物质，如醋酸乙烯酯/聚碳酸酯与苯乙烯、甲基苯乙烯或氯苯乙烯的聚合物。Jieoh 研究了一种压裂液，包含至少 30% 的液态二氧化碳、至少 20% 的固态二氧化碳以及至少 10% 的液化石油气，使用温度可以低至 -60℃。固态二氧化碳可以控制在低温环境下使用，液化石油气可以使二氧化碳的固—液转变温度更低，同时还能调整密度和黏度。Richard 采用气相二氧化硅提高液态二氧化碳的黏度。张军涛等（2021）发现使用十八烷基二羟乙基甲基氯化铵等季铵盐可以大幅提高液态 CO_2 的黏度，提高液态 CO_2 的携砂性能。王峰等采用高度氟化的丙烯酸酯与部分磺化的苯乙烯的嵌段共聚物作为增黏剂，并采用聚合物/无机离子纳米复合纤维，降低了施工过程中的管柱摩阻，提高了压裂液的携砂性能。许洪星等（2018）采用纤维辅助液态二氧化碳或超临界二氧化碳的方法，通过对纤维性质和使用量的控制，形成纤维辅助二氧化碳干法压裂工艺或超临界二氧化碳压裂工艺，提高储层改造效果。沈一丁等利用液态 CO_2 与低黏度复合乳液的相互作用，得到高黏度的冻胶进行压裂。张锋三等（2016）采用白油、NP-10 等原料制得降滤失剂，能够提高纯液态 CO_2 压裂液的携砂能力，有效降低压裂液的滤失。赵金洲（2015）等公开了采用二碳酸二叔丁酯、全氟辛酸、己二异氰酸酯等单体制备的超临界二氧化碳聚合物类稠化剂的配方，其合成单体与液体二氧化碳用单体相同或相近。

目前 CO_2 泡沫压裂技术主要是通过在二氧化碳泡沫压裂液中添加交联凝胶（如羟丙基瓜尔胶）作为泡沫稳定剂，大幅度提高了二氧化碳泡沫的黏度与携砂能力。Reidenbach 等（1986）通过对比实验，发现泡沫压裂液比常规的水基压裂液对地层的伤害要大大降低，同时与滑溜水相比，由于泡沫的高表观黏度可以促使支撑剂铺展更加均匀。Harris 通过在加支撑剂时，保持液体的排量稳定，但降低气体排量，且降低值等于固体剂的绝对排量来实现。自从延迟交联技术引入到压裂液后，交联剂很快用于形成交联泡沫压裂液。通过交联可以形成高黏度的泡沫压裂液，因此携砂能力比非交联泡沫压裂液高得多。吴金桥等（2008）针对羟丙基瓜尔胶（HPG）的分子结构特点和酸性交联环境，研制出了 AL-1 酸性交联剂。通过对 CO_2 泡沫压裂液的各种添加剂进行优选和评价，确定了 AL-1 酸性交联 CO_2 泡沫压裂液的典型配方，并对该体系的综合性能进行了评价，结果表明该泡沫压裂液具有起泡能力强、稳定性高、耐高温且剪切性好的优点，可以满足低渗透、低压气藏的压裂施工要求。高志亮等（2014）针对延长气田低渗透储层，通过制备交联剂、起泡剂、助排剂，筛选黏土稳定剂等酸性压裂液添加剂，研制出了一种以 CMHPG 作为稠化剂的酸性交联 CO_2 泡沫压裂液，并且在现场应用时发现该压裂液携砂性能好，增产效果明显。董国峰通过对 VES-CO_2 泡沫压裂液的研究，针对 VES 液相的耐温能力差、成本高等问题，将无残渣的合成高分子聚合物稠化剂结合非交联技术，应用于二氧化碳泡沫压裂技术中。刘通义等（2016）结合水溶液聚合物的结构黏度理论和压裂液悬砂性能的要求，采用非化学交联的缔合型稠化剂成功研制了新型抗高温清洁压裂液，并同时开展了清洁的氮气泡沫、二氧化碳泡沫压裂液研究，最终这种新型清洁二氧化碳泡沫压裂液的抗温能力达到120℃，同时在陕北某陆相页岩气储层成功应用，对泡沫压裂工艺的发展、降低储层损害、促进页岩气的开发具有重要意义。

第三节　蓄能压裂技术适应性分析

一、蓄能压裂工艺适应条件

能否形成网络裂缝，影响因素包括弱面（天然裂缝、层理、节理等）、水平地应力差、脆度 3 个内因以及液体黏度、静压力、应力干扰 3 个外因，弱面越发育、地应力差越小、岩石脆度越大，越易形成复杂裂缝；低的液体黏度、高的施工静压力、合理的裂缝干扰，有利于形成复杂裂缝。

1. 形成体积缝内因分析

天然裂缝是水力裂缝形态的主要控制因素，目标储层普遍发育层理和裂缝，且诱导缝、张开缝方向差异大，则有利于压裂形成复杂缝网。计算目的层地应力参数，地应力差小时有利于裂缝转向，容易形成体积缝。储层岩性的脆性特征是实现体积改造的基础，岩石脆性越强，越利于形成网状裂缝。压裂层应具有较高的脆性矿物含量，进行目的层岩石力学脆性分析，目的层段 Rickman 脆性指数通常在 40 以上，有利于形成体积缝。综合上述分析，研究区目的层储层地应力差小、微裂缝发育、脆性指数高，适合体积压裂改造。

2. 形成体积缝外因分析

天然裂缝张开形成分支缝临界净压力确定：根据 Warpinski 等（2008）提出的破裂准则，天然裂缝张开所需最大缝内净压力为 3~5MPa。岩石本体破裂形成分支缝临界净压力确定：缝内净压力除了需要满足天然裂缝开启的基本条件外，还应能够实现岩石本体破裂形成分支缝，从而进一步增加裂缝的复杂程度。根据岩石力学理论，如果要使裂缝在岩石本体破裂，裂缝内的净压力在数值上应至少大于水平两向应力差与岩石抗张强度之和。

二、蓄能压裂作业经济评价

1. 油气产量估计

将蓄能压裂的经济评估与常规压裂的经济评估区分开来的关键点是需要对油气生产进行特殊分析。在了解了非常规油气单井的初始产量后，根据预期递减生产规律进行分析，然后预测未来的产量。

2. 单井经济性估算

单井经济性用净现值来衡量，净现值的计算方法为：

$$NPV = \sum_{t=1}^{n} NCF_t / (1+k)^t \tag{2-1}$$

式中　NCF_t——第 t 年现金流量；

　　　k——基准折现率；

　　　n——生产年限。

要计算 NPV，必须分析并计算现金流量 NCF_t。针对参与研究的能源公司非常规油气资源的经济评价，计算某年单井现金流量的方法如下：现金流量＝总收入－资源税－开发成本－操作成本－税收，即：

$$NCF_t = GR-ROY-CAPEX-OPEX-TAX \qquad (2-2)$$

式中　NCF_t——现金流量，是指第 t 年单井的现金流入和流出总量；

　　　GR——总收入，以研究中油气产量与油气价格的乘积计算；

　　　ROY——资源税，它是以自然资源为征税对象的税种，资源使用成本和资源税率由政府规定；

　　　$CAPEX$——开发成本，开发成本也可以称为固定成本，以钻井和完井成本为主要组成部分，还包括征地费用、采矿设备成本、管道建设成本等；

　　　$OPEX$——运营成本，包括生产成本（燃料动力，脱水等）、综合管理费、租赁运营成本等，运营成本与油气生产密切相关；

　　　TAX——税收，税收是企业需要向政府所纳的税。

3. 经济边界的确定

由于许多因素的变化在实践中是相关的，因此一个经济参数的变化通常伴随着其他参数的变化。因此，有必要研究多种因素对非常规油气同时变化的经济影响。该研究计划同时更改三个经济参数，并进行多因素敏感性分析以观察规范油气单井净现值的变化，并据此建立经济边界。

第三章　蓄能压裂渗流规律

致密及低渗透储层采用常规方法开发无法实现较高的采收率，所以致密油藏的高效开发需要对其储层进行相应的压裂施工。压裂裂缝导流能力是压裂设计的重要评价指标之一，极大地影响着油井产能。裂缝导流能力随着储层压力的衰竭而降低，油井产能的下降速率与常规油田开发具有较大差异，所以裂缝导流能力变化对压裂生产具有重大的影响。同时压裂后仅靠天然能量开采，考虑致密油藏低孔低渗透特征，井间连通性较差，无法实现驱替补充地层能量开发，所以需要采用吞吐开发方式对致密油进行二次采油。因此根据实际区块裂缝特征和岩石及流体性质开展压裂裂缝变导流敏感性、吞吐介质及吞吐开发方式实验研究，对准确地计算地层压力分布及油井产能具有一定的指导意义。

第一节　低渗透致密岩心蓄能及压力扩散规律

一、致密岩心蓄能及压力扩散实验原理

1. 静态渗吸实验

采用吸水仪和完整岩心或岩心碎块进行常压高温静态渗吸实验，验证岩心在渗吸液或地层水作用下的自渗吸替油能力。具体实验步骤如下。

（1）采用索氏抽提器对岩心进行清洗，然后称量岩心质量，在大于 80℃ 条件下（原油黏度低、流动性好），向岩心中饱和原油；对于外形完整的标准岩心，主要采用岩心驱替装置进行饱和，对于破碎岩心，主要采用抽真空方法饱和；饱和完毕后，将黏附在岩心外壁的原油擦拭干净后，称量，计算饱和原油质量和体积。

（2）将饱和完原油的岩心放入吸水仪，通过漏斗和软管向吸水仪中注入渗吸液或地层水，至吸水仪中液面升至顶部细管的中上部（渗吸过程，岩心中的油水交换，细管中的液面位置变化不大，主要变化油柱高度，因此液面以下细管体积要充分，最好保留 1~1.5mL 以上的体积），然后利用夹子将软管封死，并在吸水仪顶部加盖一层保鲜膜以防止细管中的水分蒸发。

（3）将吸水仪放入 60℃ 恒温箱中，每隔 0.5~4h 记录一次吸水仪顶部细管中的油柱高度（初期产油快，记录时间间隔短），计算渗吸替换出来的原油体积，绘制采出油量、采收率随时间变化曲线。

2. 动态渗吸及压力扩散实验

采用岩心驱替实验装置和切割岩心（拼接模拟裂缝组合）进行驱替渗吸实验（图 3-1），验证高温高压条件下，渗吸液或 CO_2 注入裂缝后，向岩心基质中渗吸替换原油的提高采收率效果。具体实验步骤如下。

（1）塑造饱和原油的裂缝系统：①称量岩心质量，在剖开的岩心中间（模拟缝内）填充橡胶薄膜，以防止饱和原油过程中发生窜流；②将拼接岩心放入岩心夹持器中，抽真空6h；③然后打开阀门，在负压作用下岩心吸入原油，并采用恒流泵低速（0.05mL/min）继续向岩心中注入原油（累计注入原油不少于5PV）；④将岩心取出，去掉填在缝内的橡胶薄膜，称量岩心质量，计算岩心饱和油量（主要在基质中）；⑤将岩心再次拼接放在夹持器中，继续注入原油饱和，计算岩心饱和原油量（主要在裂缝中），则可进一步计算得到模拟裂缝组合的总饱和油量。

（2）向岩心夹持器中注入渗吸液或CO_2，直至后端无油产出，然后停止注入并焖井24h，使渗吸液或CO_2向岩心基质中充分渗透并替换出部分原油至裂缝中，然后再向岩心夹持器中注入渗吸液或CO_2，驱替至无油产出。

（3）进行多次注入—焖井—生产过程，直至无油产出。

（4）实验过程中需要记录的数据：①持续监测岩心夹持器前后端压力，计算驱替压差；②记录注入及产出油水的量，以便计算饱和度、采收率，分析驱油和渗吸效果。

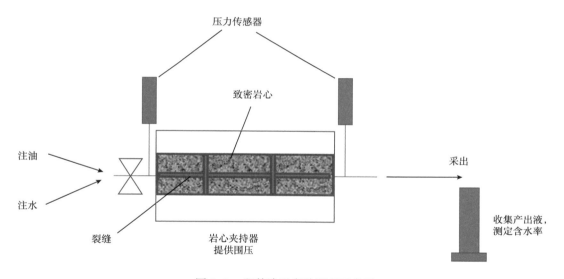

图 3-1　驱替渗吸实验原理示意图

二、致密岩心蓄能及压力扩散规律分析

1. 静态渗吸规律

常压、60℃下岩心渗吸实验结果如表 3-1 和图 3-2 所示。结果表明：（1）分别采用地层水、SX-1 和 SX-2 作为渗吸液，渗吸替油效果依次增加，SX-2 的渗吸效果最佳，采收率最高可达 13.416%（第 8 组），而采用地层水作为渗吸液，采收率仅为 3.965%~5.506%（第 1~3 组），因此选择性能优越的渗吸液对于提高采收率具有重要意义；（2）人造岩心的孔隙度和渗透率稍高于真实岩心，渗吸速率相对较大，24h 后基本可以达到稳定，而真实岩心由于致密则需要更长的渗吸时间（60~100h）才能达到稳定；（3）破碎的真实岩心与完整的真实岩心相比（如第 4~6 组），渗吸效果相对较好，说明岩心破碎有利于渗吸液通过裂缝与更多的岩心基质接触而替换出更多的原油。

表 3-1　静态渗吸验证实验结果

序号	岩心编号	饱和油量 / mL	渗吸液	渗吸时间 / h	替换油量 / mL	采收率 / %	岩心状态
1	27#	0.588	地层水	60	0.029	4.932	真实，破碎
2	23#	1.589	地层水	96	0.063	3.965	真实，破碎
3	B244-2	4.831	地层水	60	0.266	5.506	人造，完整
4	26#	0.705	渗吸液 SX-1	70	0.054	7.660	真实，破碎
5	A11	0.822	渗吸液 SX-1	96	0.056	6.813	真实，完整
6	29#	0.590	渗吸液 SX-1	50	0.049	8.305	真实，破碎
7	C7	1.300	渗吸液 SX-2	60	0.120	9.231	真实，完整
8	D4	2.974	渗吸液 SX-2	80	0.399	13.416	人造，完整
9	B154-3	2.916	渗吸液 SX-2	66	0.388	13.306	人造，完整
10	A11	0.822	渗吸液 SX-3	60	0.069	8.456	真实，完整

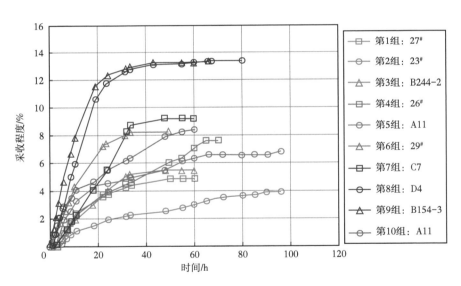

图 3-2　不同岩心自然渗吸采出程度随时间变化

2. 动态渗吸及压力扩散规律

驱替渗吸实验结果如图 3-3 至图 3-8 所示。

当采用地层水作为注入流体时：（1）驱替阶段采收率仅 23.28%，但后续两次渗吸驱替采出程度增加幅度相对较大，分别为 5.4% 和 4.78%；（2）初期驱替压差峰值较大，接近 3MPa，后续焖井结束后的驱替峰值逐渐降低，焖井过程中，随着岩心前后端压力逐渐平衡，作用在岩心上的压差也逐渐减小，低于 0.5MPa。

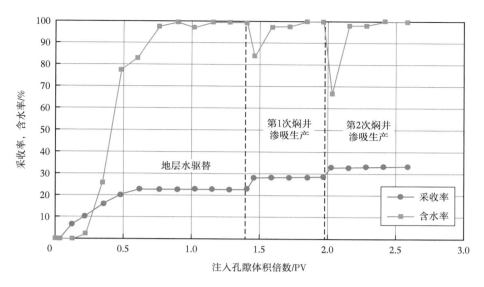

图 3-3　采用地层水进行驱替渗吸时采收率及含水率变化

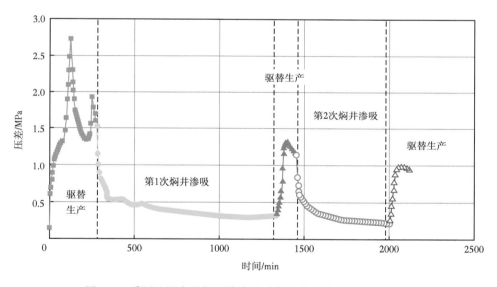

图 3-4　采用地层水进行驱替渗吸时岩心前后端压差随时间变化

当采用渗吸液 SX-2 作为注入流体时：（1）在驱替阶段仅获得 34.93% 的采收率，但在后续的两次渗吸驱替过程中采出程度增加幅度相对较大，依次为 11.64% 和 7.35%；（2）初期驱替压差峰值较大，接近 3MPa，后续焖井结束后的驱替峰值逐渐降低，焖井过程中，随着岩心前后端压力逐渐平衡，作用在岩心上的压差也逐渐减小，低于 0.5MPa。

当采用 CO_2 作为注入流体时：（1）在驱替阶段即可获得较高的采收率，达到 54.22%（CO_2 与原油可能已经达到混相状态），但后续的两次渗吸驱替过程中采出程度增加幅度相对较小，依次为 8.83% 和 5.04%；（2）驱替压差峰值较小，为 1.3MPa，由于 CO_2 较高的压缩性以及对原油的溶胀作用，在后续的焖井渗吸过程中，岩心压力下降幅度较小。

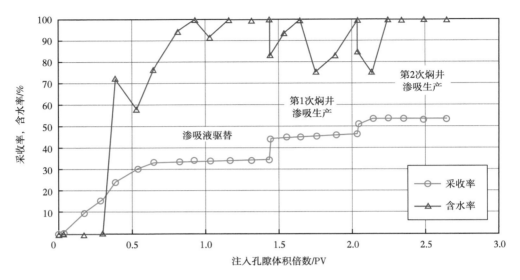

图 3-5　采用渗吸液 SX-2 进行驱替渗吸时采收率及含水率变化

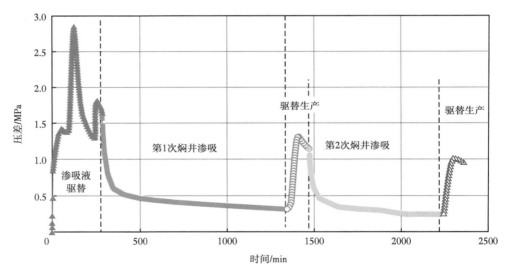

图 3-6　采用渗吸液 SX-2 进行驱替渗吸时岩心前后端压差随时间变化

将 3 组驱替渗吸实验结果汇总于表 3-2。通过对比可知：（1）注入地层水驱替渗吸效果最差，最终采收率仅为 33.46%；（2）注 CO_2 驱替渗吸效果较好，最终采收率可达 68.10%，比采用渗吸液 SX-2 高 14.18%。

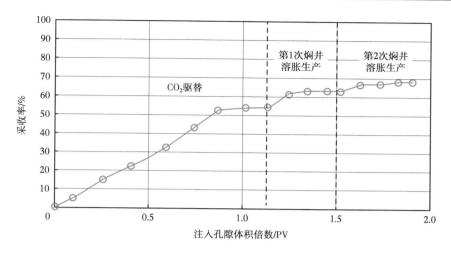

图 3-7　采用 CO_2 进行驱替渗吸时采收率变化

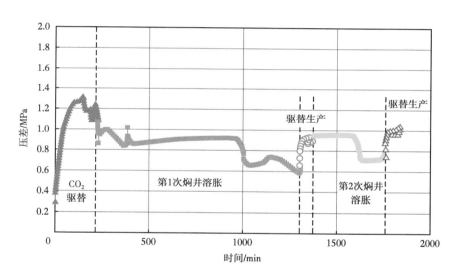

图 3-8　采用 CO_2 进行驱替渗吸时岩心前后端压差随时间变化

表 3-2　驱替渗吸实验结果

序号	岩心	注入流体	原始油量 / mL	阶段累计产油量 /mL			阶段采出程度 /%			采收率 / %
				驱替	第1次渗吸	第2次渗吸	驱替	第1次渗吸	第2次渗吸	
1	A10	地层水	8.16	1.90	0.44	0.39	23.28	5.40	4.78	33.46
2	A10	渗吸液 SX-2	8.16	2.85	0.95	0.60	34.93	11.64	7.35	53.92
3	C7	CO_2	7.93	4.30	1.70	0.40	54.22	8.83	5.04	68.10

　　需要注意的是：（1）采用渗吸液 SX-2 进行驱替渗吸时，产出液存在含水率，前期驱替过程中含水率达到 100% 时转为焖井渗吸，开井后含水率下降，说明有油通过渗吸作用

而产出，且开井初期产出液量较大，采收率几乎呈台阶状上升；（2）采用CO_2进行驱替渗吸时，不存在含水率问题，因此在岩心夹持器后端接到的流体主要是产出的原油，由于CO_2具有较大的压缩性和在原油中较大的溶解度，因此在焖井渗吸后开井生产过程中，产出油量缓慢增加。

第二节 体积缝网蓄能及导流能力变化规律

一、组合裂缝蓄能及导流能力实验原理

组合裂缝主要由基质、分支缝及主裂缝构成。本实验采用岩心驱替装置和方形岩心夹持器，分别评价基质、分支缝和主裂缝的渗透率或导流能力（图3-9）。具体实验步骤如下。

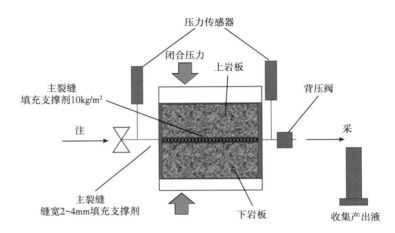

图 3-9　裂缝渗透率和导流能力应力敏感性评价实验原理示意图

1. 评价基质渗透率的应力敏感性

将致密岩心放入岩心夹持器，加围压至15MPa恒定，温度控制在80℃，初始背压为10MPa，选择原油作为测试流体，注入速度为0.1mL/min，每隔200min降低一次背压，直至背压为0MPa（大气压），记录岩心夹持器前后端压力变化，计算驱替压差及岩心渗透率。

2. 评价分支缝导流能力的应力敏感性

将填充了一定厚度支撑剂的半月形拼接岩心放入岩心夹持器，加围压至15MPa恒定，温度控制在80℃，初始背压为10MPa，选择原油作为测试流体，注入速度为0.1mL/min，每隔200min降低一次背压，直至背压为0MPa（大气压），记录岩心夹持器前后端压力变化，计算驱替压差及分支缝的渗透率和导流能力。

3. 评价主裂缝导流能力的应力敏感性

将填充了一定厚度支撑剂（支撑剂20~40目或40~60目，铺砂密度为$10kg/m^2$，初始缝宽为3mm）的方形岩心放入岩心夹持器中，加围压2~15MPa，常温，初始背压为0MPa，选择8%NaCl盐水作为测试流体，注入速度为1mL/min，每隔一段时间（0~200min）提高一次纵向闭合压力（轴压），直至闭合压力达到15MPa。记录岩心夹持器前后端压力变化，计算驱替压差以及主裂缝的渗透率和导流能力。

二、组合裂缝蓄能及导流能力变化规律

1. 致密岩心基质渗透率

1）致密岩心 B168

（1）驱替压差变化。

在保持围压 15MPa、注入速度 0.1mL/min 不变、逐渐降低背压条件下，岩心前后端压力及驱替压差变化如图 3-10 所示。随着背压（后端压力）逐渐减小（10MPa→5MPa→2MPa→1MPa→0MPa），岩心前端注入压力也逐渐降低，作用在岩心上的有效应力增大（5MPa→10MPa→13MPa→14MPa→15MPa），对岩心压实作用加强，岩心前后驱替压差逐渐增大，大约从 1.07MPa 上升至 2.24MPa。

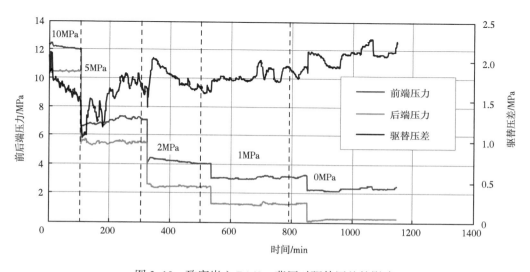

图 3-10　致密岩心 B168：背压对驱替压差的影响

（2）岩心渗透率变化。

根据达西公式，计算得到逐渐降低背压过程中，岩心渗透率的动态变化如图 3-11 所示。通过分析得到：①随着作用在岩心上的有效应力增加，岩心渗透率从 0.139mD 逐渐降低至 0.06mD，降低幅度为 56.8%，平均有效应力每升高 1MPa，岩心渗透率下降 3.79%；②岩心渗透率随有效应力增大基本呈线性下降，但下降幅度有限，由于该岩心初始孔隙度和渗透率都较小，总体上，对有效应力变化不太敏感。

2）致密岩心 B158

（1）驱替压差变化。

在保持围压 15MPa、注入速度 0.1mL/min 不变、逐渐降低背压条件下，岩心前后端压力及驱替压差变化如图 3-12 所示。随着背压（后端压力）逐渐减小（10MPa→5MPa→2MPa→1MPa→0MPa），岩心前端注入压力也逐渐降低，作用在岩心上的有效应力增大（5MPa→10MPa→13MPa→14MPa→15MPa），对岩心压实作用加强，岩心前后驱替压差逐渐增大，大约从 0.07MPa 上升至 0.39MPa。

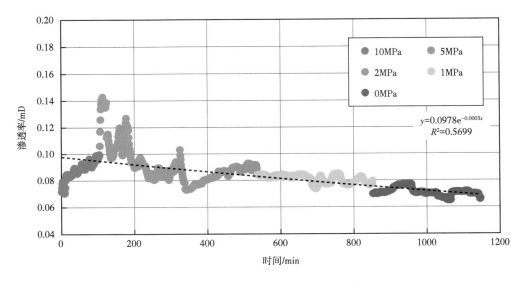

图 3-11 致密岩心 B168：背压对岩心渗透率的影响

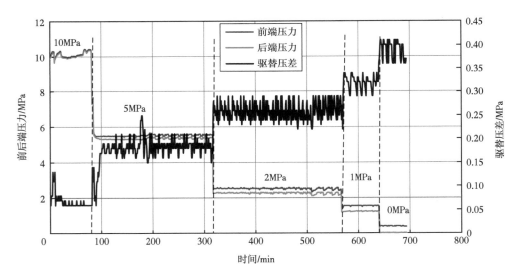

图 3-12 致密岩心 B158：背压对驱替压差的影响

（2）岩心渗透率变化。

根据达西公式，计算得到逐渐降低背压过程中，岩心渗透率的动态变化如图 3-13 所示。通过分析得到：①随着作用在岩心上的有效应力增加，岩心渗透率从 3mD 逐渐降低至 0.4mD，降低幅度为 86.6%，平均有效应力每升高 1MPa，岩心渗透率下降 28.38%；②岩心渗透率随有效应力增大基本呈指数性下降，在有效应力变化初始阶段渗透率下降幅度较大，但在有效应力变化后阶段渗透率下降幅度较缓，岩心 B158 的渗透率大于岩心 B168 的渗透率，对有效应力变化有一定的敏感程度且敏感程度大于岩心 B168 的敏感程度。

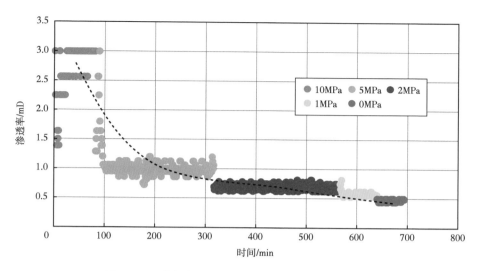

图 3-13　致密岩心 B158：背压对岩心渗透率的影响

3）致密岩心 2 号

（1）驱替压差变化。

在保持围压 15MPa、注入速度 0.1mL/min 不变、逐渐降低背压条件下，岩心前后端压力及驱替压差变化如图 3-14 所示。随着背压（后端压力）逐渐减小（10MPa→ 5MPa→2MPa→1MPa→ 0MPa），岩心前端注入压力也逐渐降低，作用在岩心上的有效应力增大（5MPa→10MPa→13MPa→14MPa→15MPa），对岩心压实作用加强，岩心前后驱替压差逐渐增大，大约从 0.01MPa 上升至 0.27MPa。

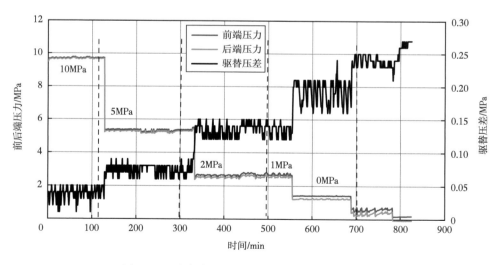

图 3-14　致密岩心 2 号：背压对驱替压差的影响

（2）岩心渗透率变化。

根据达西公式，计算得到逐渐降低背压过程中，岩心渗透率的动态变化如图 3-15 所示。通过分析得到：①随着作用在岩心上的有效应力增加，岩心渗透率从 3.6mD 逐渐降

27

低至 0.4mD，降低幅度为 88.9%，平均有效应力每升高 1MPa，岩心渗透率下降 32.06%；②岩心渗透率随有效应力增大基本呈指数性下降，在有效应力变化初始阶段渗透率下降幅度较大，但在有效应力变化后阶段渗透率下降幅度较缓，致密岩心 2 号的渗透率大于岩心 168 和岩心 158 的渗透率，而且也对有效应力变化具有很大的敏感程度。

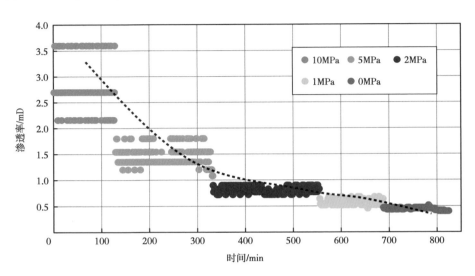

图 3-15　致密岩心 2 号：背压对岩心渗透率的影响

4）致密岩心应力敏感性分析

统计不同致密岩心在不同背压下的渗透率及孔隙度，得到不同有效应力下致密岩心渗透率和孔隙度变化，见表 3-3；将不同背压下的有效应力除以初始有效应力，将不同背压下的渗透率除以初始渗透率，得到不同有效应力增大倍数下的致密岩心渗透率减小倍数，见表 3-4。由表 3-3 和表 3-4 可知，（1）人造岩心 2 号（即致密岩心 2 号）的初始渗透率最大，其次为岩心 B158，岩心 B168 最小；（2）人造岩心 2 号和岩心 B158 的渗透率具有压敏性，而岩心 B168 的渗透率受有效应力变化影响较小，分别拟合得到有效应力与渗透率的经验关系多项式，如图 3-16（a）所示；（3）致密岩心渗透率减小倍数与有效应力增大倍数的经验关系式如图 3-16（b）所示，该经验关系式可以更加准确地反映各致密岩心渗透率的压敏性，可以用于其他初始应力和渗透率致密岩心渗透率的预测；（4）致密岩心孔隙度—渗透率关系可以采用式（3-1）来表征，通过对实验测得岩心渗透率拟合，得到方程中的 c=5.9，拟合误差为 0.017%~25.74%，如图 3-17 所示。

$$K = K_0 \left(\frac{\phi}{\phi_0} \right)^c \left(\frac{1-\phi}{1-\phi_0} \right)^2 \qquad （3-1）$$

式中　K——当前孔隙度下的渗透率，mD；

　　　K_0——初始渗透率，mD；

　　　ϕ——当前孔隙度；

　　　ϕ_0——初始孔隙度；

　　　c——Kozeny-Carman 系数，一般在 0~10。

表3-3　不同有效应力下的致密岩心基质渗透率和孔隙度

围压 / MPa	背压 / MPa	有效应力 / MPa	B168		B158		人造岩心 2 号	
			K/mD	ϕ/%	K/mD	ϕ/%	K/mD	ϕ/%
15	10	5	0.120	12.23	2.748	12.82	3.162	11.25
15	5	10	0.098	11.83	1.035	11.31	1.474	9.75
15	2	13	0.084	11.60	0.605	10.41	0.807	8.85
15	1	14	0.081	11.52	0.547	10.11	0.570	8.55
15	0	15	0.079	11.44	0.517	9.80	0.444	8.25

表3-4　不同有效应力增大倍数下的致密岩心渗透率和孔隙度减小倍数

σ/σ_0	B168		B158		人造岩心 2 号	
	K/K_0	ϕ/ϕ_0	K/K_0	ϕ/ϕ_0	K/K_0	ϕ/ϕ_0
1.0	1.000	1.0000	1.000	1.0000	1.000	1.0000
2.0	0.817	0.9677	0.377	0.8824	0.466	0.8666
2.6	0.700	0.9483	0.220	0.8119	0.255	0.7866
2.8	0.675	0.9419	0.199	0.7883	0.180	0.7599
3.0	0.658	0.9354	0.188	0.7648	0.140	0.7333

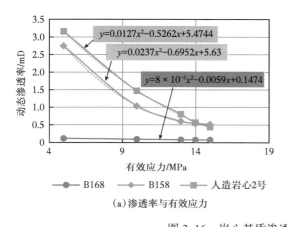

（a）渗透率与有效应力

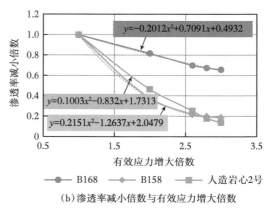

（b）渗透率减小倍数与有效应力增大倍数

图 3-16　岩心基质渗透率与有效应力关系图

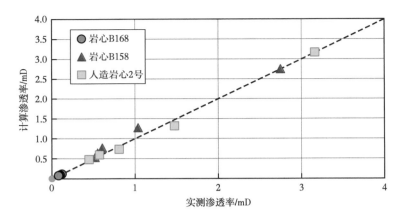

图 3-17　采用 Kozeny-Carman 公式计算的致密岩心渗透率与实测值对比

2. 分支缝渗透率及导流能力

1）分支裂缝 A6-1

（1）驱替压差变化。

在分支缝宽度为 0mm、保持围压 15MPa、注入速度 0.1mL/min 不变、逐渐降低背压条件下，岩心前后端压力及驱替压差变化如图 3-18 所示。随着背压（后端压力）逐渐减小（10MPa→5MPa→2MPa→1MPa→0MPa），岩心前端注入压力也逐渐降低，作用在岩心上的有效应力增大（5MPa→10MPa→13MPa→14MPa→15MPa），对岩心压实作用加强，岩心前后驱替压差逐渐增大，大约从 0.01MPa 上升至 0.33MPa。

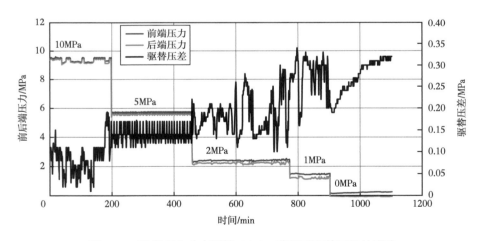

图 3-18　致密岩心分支裂缝 A6-1：背压对驱替压差的影响

（2）岩心渗透率变化。

根据达西公式，计算得到逐渐降低背压过程中，岩心渗透率的动态变化如图 3-19 所示。通过分析得到：①随着作用在岩心上的有效应力增加，岩心渗透率从 3.7mD 逐渐降低至 0.45mD，降低幅度为 87.8%，平均有效应力每升高 1MPa，岩心渗透率下降 27%；②岩心渗透率随有效应力增大基本呈指数性下降，在有效应力变化初始阶段渗透率下降幅度较大，但在有效应力变化后阶段渗透率下降幅度较缓，虽然该岩心初始孔隙度和渗透率都较小，但总体上对有效应力变化有一定的敏感程度。

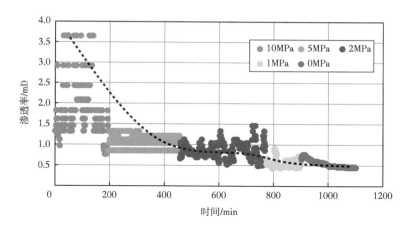

图 3-19　致密岩心分支裂缝 A6-1：背压对岩心渗透率的影响

2）分支裂缝 A6-2

（1）驱替压差变化。

在分支缝宽度为 0.4mm、保持围压 15MPa、注入速度 0.2mL/min 不变、逐渐降低背压条件下（裂缝内支撑剂填充状态如图 3-20 所示），岩心前后端压力及驱替压差变化如图 3-21 所示。随着背压（后端压力）逐渐减小（10MPa→5MPa→2MPa→1MPa→0MPa），岩心前端注入压力也逐渐降低，作用在岩心上的有效应力增大（5MPa→10MPa→13MPa→14MPa→15MPa），对岩心压实作用加强，岩心前后驱替压差逐渐增大，大约从 0.03MPa 上升至 0.28MPa。

图 3-20　致密岩心分支裂缝 A6-2 加 40~60 目陶粒图

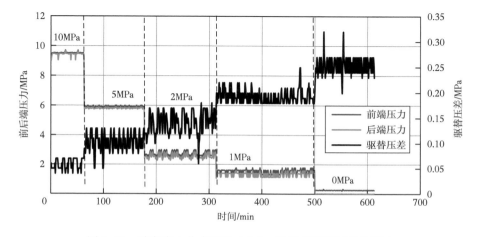

图 3-21　致密岩心分支裂缝 A6-2：背压对驱替压差的影响

（2）岩心等效渗透率变化。

根据达西公式，计算得到逐渐降低背压过程中，岩心裂缝渗透率的动态变化如图 3-22 所示、岩心裂缝导流能力的动态变化如图 3-23 所示、岩心等效渗透率的动态变化如图 3-24 所示。通过分析得到如下结论。①随着作用在岩心上的有效应力增加，岩心裂缝渗透率从 350mD 逐渐降低至 48mD，降低幅度为 86.3%，平均有效应力每升高 1MPa，岩心裂缝渗透率下降 24.94%；随着作用在岩心上的有效应力增加，岩心裂缝导流能力从 14mD·cm 逐渐降低至 2mD·cm 降低幅度为 85.7%，平均有效应力每升高 1MPa，岩心裂缝导流能力下降 24.94%；随着作用在岩心上的有效应力增加，岩心等效渗透率从 7.1mD 逐渐降低至 1.2mD，降低幅度为 83.1%，平均有效应力每升高 1MPa，岩心等效渗透率下降 24.73%。②岩心渗透率、裂缝导流能力都随有效应力增大基本呈指数性下降，在有效应力变化初始阶段渗透率、裂缝导流能力下降幅度较大，但在有效应力变化后阶段渗透率、裂缝导流能力下降幅度较缓。

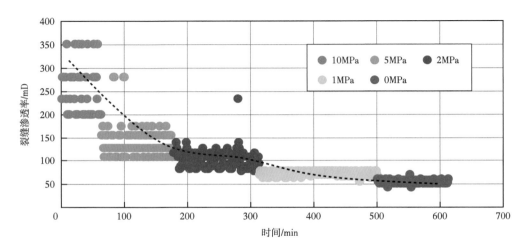

图 3-22　致密岩心分支裂缝 A6-2：背压对岩心裂缝渗透率的影响

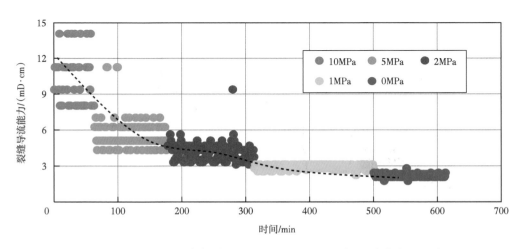

图 3-23　致密岩心分支裂缝 A6-2：背压对岩心裂缝导流能力的影响

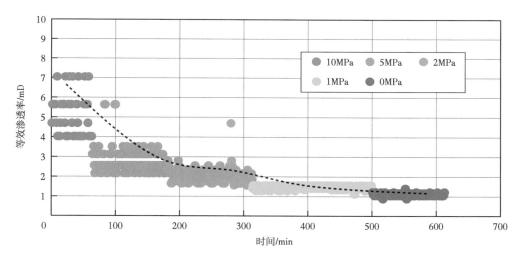

图 3-24　致密岩心分支裂缝 A6-2：背压对岩心等效渗透率的影响

3）分支裂缝 A6-3

（1）驱替压差变化。

在分支缝宽度为 0.8mm、保持围压 15MPa、注入速度 0.2mL/min 不变、逐渐降低背压条件下（裂缝内支撑剂填充状态如图 3-25 所示），岩心前后端压力及驱替压差变化如图 3-26 所示。随着背压（后端压力）逐渐减小（10MPa→5MPa→2MPa→1MPa→0MPa），岩心前端注入压力也逐渐降低，作用在岩心上的有效应力增大（5MPa→10MPa→13MPa→14MPa→15MPa），对岩心压实作用加强，岩心前后驱替压差逐渐增大，大约从 0.03MPa 上升至 0.13MPa。

图 3-25　致密岩心分支裂缝 A6-3
加 20~40 目陶粒图

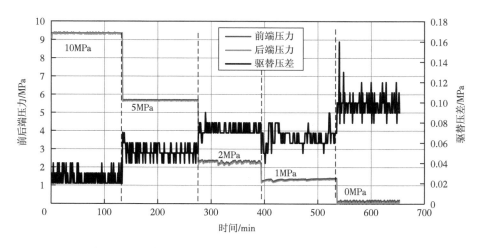

图 3-26　致密岩心分支裂缝 A6-3：背压对驱替压差的影响

（2）岩心渗透率变化。

根据达西公式，计算得到逐渐降低背压过程中，岩心裂缝渗透率的动态变化如图 3-27 所示、岩心裂缝导流能力的动态变化如图 3-28 所示、岩心等效渗透率的动态变化如图 3-29 所示。通过分析得到如下结论。①随着作用在岩心上的有效应力增加，岩心裂缝渗透率从 350mD 逐渐降低至 52mD，降低幅度为 85.1%，平均有效应力每升高 1MPa，岩心裂缝渗透率下降 24.62%；随着作用在岩心上的有效应力增加，岩心裂缝导流能力从 28mD·cm 逐渐降低至 5mD·cm，降低幅度为 82.1%，平均有效应力每升高 1MPa，岩心裂缝导流能力下降 24.62%；随着作用在岩心上的有效应力增加，岩心等效渗透率从 14mD 逐渐降低至 2mD，降低幅度为 85.7%，平均有效应力每升高 1MPa，岩心渗透率下降 23.97%。②岩心渗透率随有效应力增大基本呈指数性下降，在有效应力变化初始阶段渗透率下降幅度较大，但在有效应力变化后阶段渗透率下降幅度较缓，虽然该岩心初始孔隙度和渗透率都较小，但总体上对有效应力变化有一定的敏感程度。③岩心裂缝渗透率要大于岩心等效渗透率，因为等效渗透率是指流体流过整个岩心截面积，而岩心裂缝渗透率是指流体流过分支缝的截面积，裂缝导流能力是指裂缝渗透率和缝宽的乘积，裂缝导流能力大于岩心等效渗透率而小于岩心裂缝渗透率。

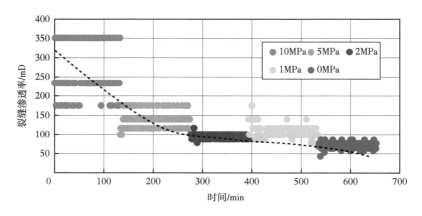

图 3-27 致密岩心分支裂缝 A6-3：背压对岩心裂缝渗透率的影响

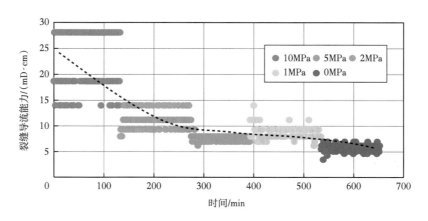

图 3-28 致密岩心分支裂缝 A6-3：背压对岩心裂缝导流能力的影响

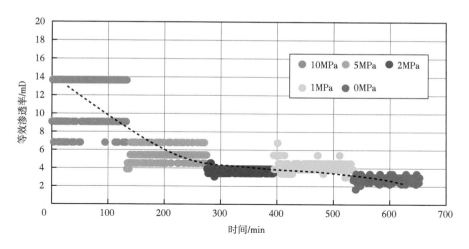

图 3-29 致密岩心分支裂缝 A6-3：背压对岩心等效渗透率的影响

4）分支缝应力敏感性分析

统计不同致密岩心在不同背压下的裂缝渗透率及孔隙度，得到不同有效应力下致密岩心裂缝渗透率和孔隙度变化，见表 3-5 至表 3-7；将不同背压下的有效应力除以初始有效应力，将不同背压下的裂缝渗透率除以初始渗透率，得到不同有效应力增大倍数下的致密岩心裂缝渗透率减小倍数，见表 3-8。

由表 3-5 至表 3-8 可知，三组不同缝宽的岩心分支缝的原始渗透率相同；渗透率压敏性由大到小依次为 A6-3 ＞ A6-2 ＞ A6-1，分别拟合得到有效应力与渗透率的经验关系多项式，如图 3-30 所示；致密岩心分支缝渗透率减小倍数与有效应力增大倍数的经验关系式如图 3-31 所示，该经验关系式可以更加准确地反映各致密岩心渗透率的压敏性，可以用于其他初始应力和裂缝渗透率致密岩心渗透率的预测；致密岩心孔隙度—缝裂渗透率关系可以采用式（3-1）来表征，通过对实验测得岩心渗透率拟合，得到方程中的 $c=6.3$，拟合误差为 3.32%~13.75%，如图 3-32 所示。

表 3-5 致密岩心分支缝 A6-1 基本参数及不同有效应力下的渗透率

缝宽 /mm	孔隙度 /%	原始渗透率 /mD	有效应力 /MPa	围压 /MPa	背压 /MPa	等效渗透率 /mD
＜ 0.2	6.13	0.23	5	15	10	2.252
			10	15	5	1.069
			13	15	2	0.653
			14	15	1	0.545
			15	15	0	0.549

表 3-6　致密岩心分支缝 A6-2 基本参数及不同有效应力下的渗透率

缝宽 / mm	孔隙度 / %	原始渗透率 / mD	有效应力 / MPa	围压 / MPa	背压 / MPa	等效渗透率 / mD	裂缝渗透率 / mD	裂缝导流能力 / （mD·cm）
0.4	6.7	0.23	5	15	10	5.032	250.989	10.040
			10	15	5	2.875	143.389	5.736
			13	15	2	1.852	102.440	4.098
			14	15	1	1.477	73.651	2.946
			15	15	0	1.112	55.475	2.219

表 3-7　致密岩心分支缝 A6-3 基本参数及不同有效应力下的渗透率

缝宽 / mm	孔隙度 / %	原始渗透率 / mD	有效应力 / MPa	围压 / MPa	背压 / MPa	等效渗透率 / mD	裂缝渗透率 / mD	裂缝导流能力 / （mD·cm）
0.8	7.4	0.23	5	15	10	11.209	288.466	23.077
			10	15	5	5.414	139.371	11.145
			13	15	2	3.742	96.293	7.703
			14	15	1	3.249	109.340	8.747
			15	15	0	2.817	72.502	5.800

注：致密岩心分支缝 A6-1，A6-2，A6-3 的压缩系数分别为 $6.46 \times 10^{-3} \text{MPa}^{-1}$，$2.35 \times 10^{-2.5} \text{MPa}^{-1}$，$6.7 \times 10^{-2.4} \text{MPa}^{-1}$。

表 3-8　不同有效应力增大倍数下致密岩心分支缝等效渗透率减小倍数

σ / σ_0	A6-1，K/K_0	A6-2，K/K_0	A6-3，K/K_0
1.0	1.000	1.000	1.000
2.0	0.475	0.571	0.483
2.6	0.290	0.368	0.334
2.8	0.242	0.294	0.290
3.0	0.244	0.221	0.251

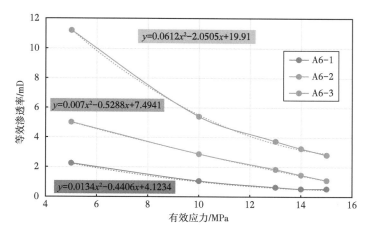

图 3-30 分支裂缝渗透率与有效应力关系图

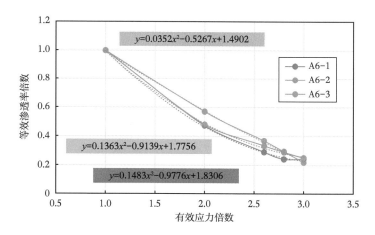

图 3-31 分支裂缝渗透率倍数与有效应力倍数关系图

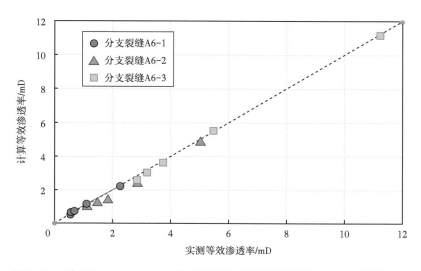

图 3-32 采用 Kozeny-Carman 公式计算的致密岩心等效渗透率与实测值对比

3. 主裂缝渗透率及导流能力

注入速度保持 1mL/min 不变，围压和轴压逐渐增加，由 2MPa 升至 15MPa。

（1）当铺设 20~40 目陶粒，铺砂浓度为 8.333kg/m² 时：①两岩板内支撑剂渗透率的动态变化如图 3-33 所示，对岩板压实作用加强，裂缝渗透率逐渐降低，从 2329.37mD 下降至 913.74mD，降低幅度为 60.78%，平均轴压每升高 1MPa，裂缝渗透率下降 14.3%；②岩板导流能力的动态变化如图 3-34 所示，对岩板压实作用加强，岩板导流能力逐渐降低，从 582.34mD·cm 下降至 228.43mD·cm，降低幅度为 60.77%，平均轴压每升高 1MPa，岩板导流能力下降 4.67%。

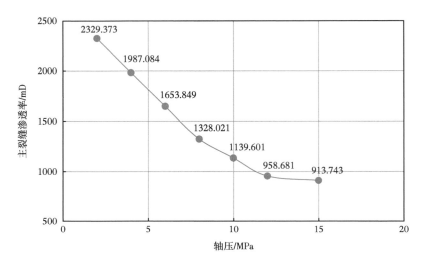

图 3-33　轴压对岩板主裂缝渗透率的影响（铺设 20~40 目陶粒）

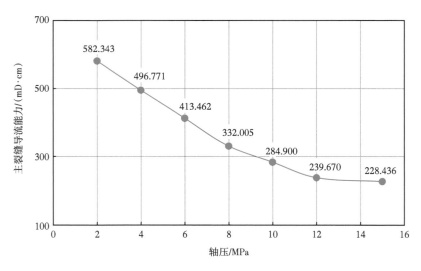

图 3-34　轴压对岩板主裂缝导流能力的影响（铺设 20~40 目陶粒）

（2）当铺设 40~60 目陶粒，铺砂浓度为 8.681kg/m² 时：①两岩板内支撑剂的渗透率的动态变化如图 3-35 所示，对岩板压实作用加强，裂缝渗透率逐渐降低，从 1527.30mD 下降至 730.03mD，降低幅度为 52.2%，平均轴压每升高 1MPa，岩板导流能力下降 4.02%；②岩板主裂缝导流能力的动态变化如图 3-36 所示，对岩板压实作用加强，裂缝导流能力逐渐降低，从 381.825mD·cm 下降至 182.508mD·cm，降低幅度为 52.2%，平均轴压每升高 1MPa，岩板渗透率下降 11.4%。

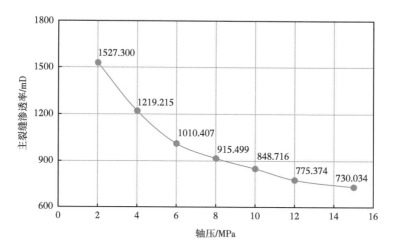

图 3-35　轴压对岩板主裂缝渗透率的影响（铺设 40~60 目陶粒）

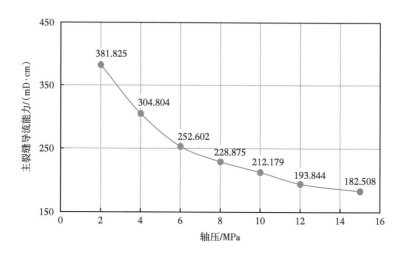

图 3-36　轴压对岩板主裂缝导流能力的影响（铺设 40~60 目陶粒）

　　岩板主裂缝渗透率和导流能力变化见表 3-9 和表 3-10；将不同轴压下的渗透率乘以主裂缝的缝宽得到不同轴压下的导流能力，由表 3-9 和表 3-10 可知，主裂缝的渗透率和导流能力下降幅度不是很大，对应力不是很敏感；铺 20~40 目陶粒得到的主裂缝渗透率和导流能力都大于铺 40~60 目陶粒得到的主裂缝渗透率和导流能力，但得到的压差 40~60 目大于 20~40 目；主裂缝和分支缝渗透率应力敏感存在较大的差异，分支缝对应力更加敏感，而主裂缝敏感性较弱。

表 3-9 岩板主裂缝 20~40 目、浓度为 8.333kg/m² 基本参数及不同轴压下的渗透率和导流能力

流速 Q/ （mL/s）	岩板长度 / cm	轴压 / MPa	压差 / MPa	渗透率 / mD	导流能力 / （mD·cm）
1	12	2	0.002862	2329.373	582.343
1	12	4	0.003355	1987.084	496.771
1	12	6	0.004031	1653.849	413.462
1	12	8	0.005020	1328.0210	332.005
1	12	10	0.005850	1139.6010	284.900
1	12	12	0.006954	958.681	239.670
1	12	15	0.007296	913.743	228.436

表 3-10 岩板主裂缝 40~60 目、浓度为 8.681kg/m² 基本参数及不同轴压下的渗透率和导流能力

流速 Q/ （mL/s）	岩板长度 / cm	轴压 / MPa	压差 / MPa	渗透率 / mD	导流能力 / （mD·cm）
1	12	2	0.004365	1527.300	381.825
1	12	4	0.005468	1219.215	304.804
1	12	6	0.006598	1010.407	252.602
1	12	8	0.007282	915.499	228.875
1	12	10	0.007855	848.716	212.179
1	12	12	0.008598	775.374	193.844
1	12	15	0.009132	730.034	182.508

第三节　体积缝网渗流及产能评价

一、组合裂缝渗流及产能评价实验原理

采用制作的不同裂缝组合岩心（不同分支缝与主裂缝比值，简称分主比），进行原油、油水混合驱替实验（图 3-37），测试不同裂缝组合条件下驱替压差，考虑油水混合比例、流量、围压大小等因素的影响，研究不同裂缝组合下的渗流阻力及产能大小（单位压差下流量）。具体实验步骤如下。

（1）按照设计的分支缝与主裂缝比值，选取半月形岩心进行拼接，岩心端面填充一定厚度的支撑剂，塑造组合裂缝系统。

（2）将岩心放入岩心夹持器，岩心夹持器后端连接背压阀，设定为定压边界，加围压及加热，塑造储层温压条件。

（3）按照设计流量，在岩心夹持器前端持续注入原油或一定比例的油水混合流体。

（4）实验过程中，持续监测岩心夹持器前后端压力，计算驱替压差，记录产出油水量，计算含水率，分析裂缝的渗流阻力等。

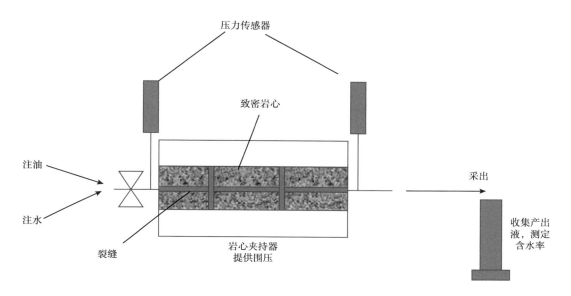

图 3-37　组合渗流及产能评价原理示意图

二、组合裂缝渗流及产能特征

背压 5MPa、围压 10MPa、注入速度 1mL/min、不同分支缝与主裂缝比值下（即不同分支缝数量下，缝宽约 0.73cm），岩心前后端压力、驱替压差及渗透率、裂缝导流能力如图 3-38 所示。由图 3-38 可知，分支缝越多，驱替压差越小，裂缝总体导流能力越强，但是不同分支缝组合的结果相差不大，这可能与利用切割的岩心柱模拟分支缝的局限性有关，即分支缝主要垂直于主裂缝，而注采压差主要作用在主裂缝上，因此分支缝对导流能力的贡献不大。

分主裂缝比为 3:1（缝宽约 0.73cm）、背压为 5MPa、围压 10MPa、注入速度从 0.5mL/min 增加至 5mL/min 条件下，岩心前后端压力、驱替压差及渗透率、裂缝导流能力如图 3-39 所示。随着注入速度增大，前端注入压力逐渐增大（5.15MPa→5.28MPa→5.75MPa→6.12MPa），驱替压差也逐渐增大（0.15MPa→0.28MPa→0.75MPa→1.12MPa）。根据达西公式，计算得到岩心等效渗透率（假设渗流面积为整个岩心端面）也逐渐提高，由 17.76mD 逐渐提高至 23.42mD，说明提高注入速度后，注入压力升高，即岩心中孔隙压力升高，有利于提高岩心渗透率。相应地，若假设渗流面积为裂缝端面，则计算得到裂缝渗透率从 54.5mD 提高至 71.8mD，进而计算得到裂缝的导流能力从 39.79mD·cm 提高至 52.46mD·cm。

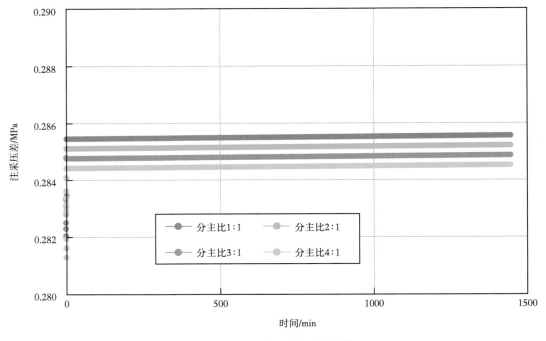

（a）注采压差与时间关系

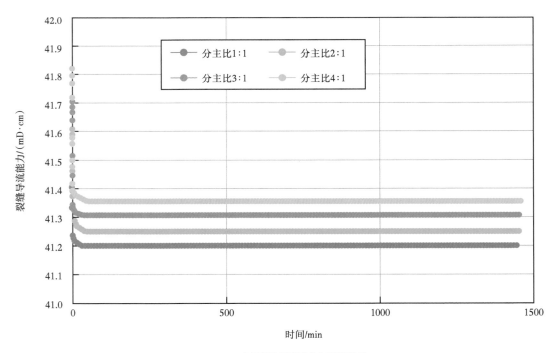

（b）裂缝导流能力与时间关系

图 3-38　第 1~4 组实验：分支缝个数对驱替压差及裂缝导流能力的影响

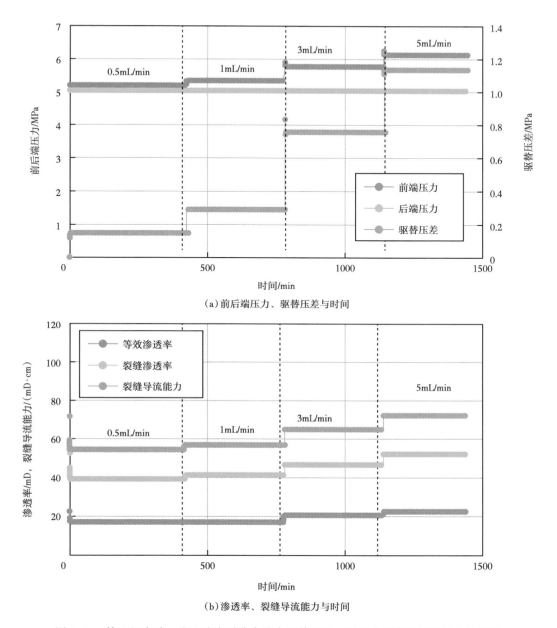

（a）前后端压力、驱替压差与时间

（b）渗透率、裂缝导流能力与时间

图 3-39　第 5 组实验：注入速度对分支缝内驱替压差、裂缝渗透率及导流能力的影响

分主裂缝比为 3∶1（缝宽约 0.73cm）、围压 20MPa、注入速度 1mL/min、分阶段降低背压（15MPa→5MPa）条件下，岩心前后端压力、驱替压差及渗透率、裂缝导流能力如图 3-40 所示。随着背压逐渐降低（15MPa→5MPa），注入压力也随之降低（15.28MPa→10.96MPa），注采压差逐渐增大（0.28MPa→5.96MPa），由于作用在岩心的有效应力增大（5MPa→15MPa），则岩心被压实，等效渗透率（18.56mD→2.49mD→0.88mD）、裂缝渗透率（56.95mD→7.66mD→2.71mD）以及裂缝导流能力（41.57mD·cm→5.89mD·cm→1.97mD·cm）也逐渐下降。

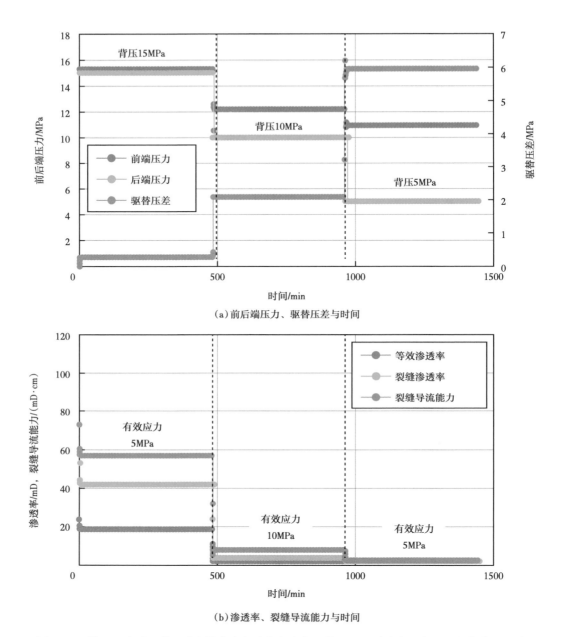

（a）前后端压力、驱替压差与时间

（b）渗透率、裂缝导流能力与时间

图3-40 第6组实验：背压（有效应力）对分支缝内驱替压差、裂缝渗透率及导流能力的影响

分主裂缝比为3∶1（缝宽约0.73cm）、围压10MPa、背压5MPa、注入速度1mL/min、注入流体（油＋水）中含水率逐渐从0提高至100%时，岩心前后端压力、驱替压差及产出流体中含水率变化如图3-41所示。由于岩心中脱气原油黏度（1.547mPa·s）高于地层水黏度（0.4717mPa·s），随着注入流体中含水率逐渐增大，混合流体的黏度逐渐降低，前端注入压力逐渐降低，注采压差也逐渐降低（0.28→0.093MPa）。因此，在相同生产压差下，原油的产能要低于地层水。

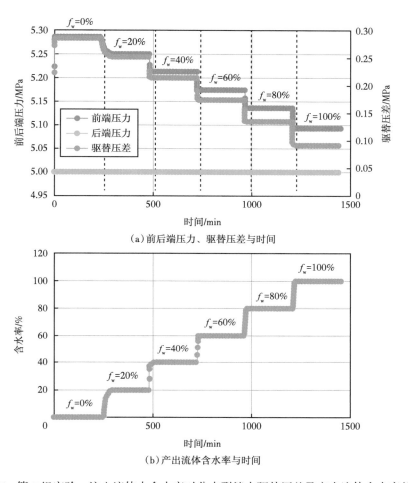

（a）前后端压力、驱替压差与时间

（b）产出流体含水率与时间

图 3-41 第 7 组实验：注入流体中含水率对分支裂缝内驱替压差及产出流体含水率的影响

第四节 体积缝网吞吐及渗流影响因素分析

一、组合裂缝吞吐及渗流影响实验原理

采用岩心驱替实验装置和切割岩心（拼接模拟裂缝组合）进行裂缝吞吐实验，评价不同裂缝组合条件下的渗吸液或 CO_2 吞吐效果，优化吞吐参数（图 3-42）。具体实验步骤如下。

（1）塑造饱和原油的裂缝系统：①称量岩心质量，在剖开的岩心中间（模拟缝内）填充橡胶薄膜，以防止饱和原油过程中发生窜流；②将拼接岩心放入岩心夹持器中，抽真空 6h；③然后打开阀门，在负压作用下岩心吸入原油，并采用恒流泵低速（0.05mL/min）继续向岩心中注入原油（累计注入原油不少于 5PV）；④将岩心取出，去掉填在缝内的橡胶薄膜，称量岩心质量，计算岩心饱和油量（主要在基质中）；⑤将岩心再次拼接放在夹持器中，继续注入原油饱和，计算岩心饱和原油量（主要在裂缝中），则可进一步计算得到模拟裂缝组合的总饱和油量。

（2）进行渗吸液或 CO_2 吞吐：将岩心夹持器后端设定为定压边界或封闭边界，在岩心夹持器前端进行渗吸液或 CO_2 的注入—焖井—生产，模拟吞吐过程，改变注入流体、注入量、焖井时间、吞吐次数等，优化吞吐参数。

（3）实验过程中需要记录的数据：①持续监测岩心夹持器前后端压力，计算驱替压差；②记录注入及产出油水的量，以便计算饱和度、采收率，分析驱油和吞吐效果。

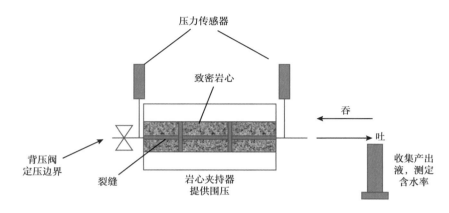

图 3-42　裂缝吞吐实验原理示意图

二、组合裂缝吞吐及渗流影响规律

采用拼接岩心模拟裂缝（分主比为 1:1），进行 CO_2、地层水、渗吸液吞吐实验，实验结果如图 3-43 至图 3-46 所示。

第 0 组为空白实验，注入流体为地层水，吞吐步骤为：（1）衰竭生产 →（2）注地层水恢复压力 →（3）定压注入 0.2PV 地层水 →（4）焖井 24h →（5）降压生产。衰竭生产阶段采出程度为 16.99%，进行地层水吞吐后采出程度达到 21.23%，比衰竭生产结束时提高 4.24%，开井生产时含水率为 86.67%~98.84%（图 3-43）。

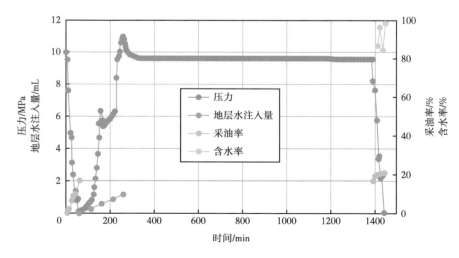

图 3-43　第 0 组地层水吞吐效果（空白实验）

第1、4组实验分别注入CO_2、渗吸液，采用相同的吞吐步骤：（1）衰竭生产 → （2）注CO_2/渗吸液恢复压力 →（3）焖井24h→（4）降压生产。当进行CO_2吞吐时，衰竭生产阶段采出程度为17.62%，CO_2吞吐后采出程度达到32.70%，比衰竭生产提高15.08%；当进行渗吸液吞吐时，衰竭生产阶段采出程度为19.53%，吞吐后采出程度达到28.24%，比衰竭生产提高8.71%，含水率为40%~94%（图3-44）。

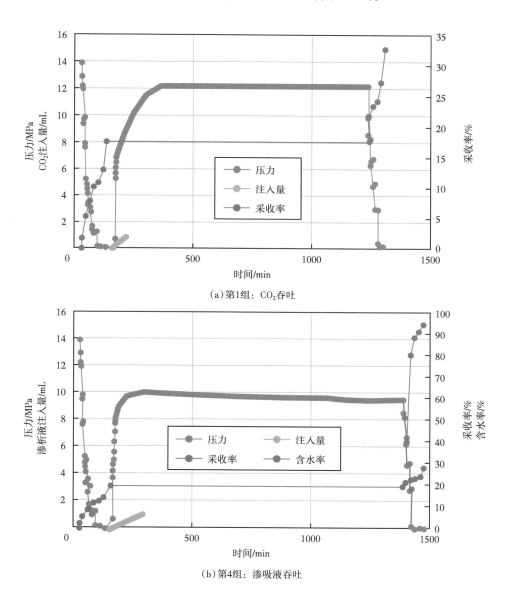

（a）第1组：CO_2吞吐

（b）第4组：渗吸液吞吐

图3-44　第1组CO_2吞吐及第4组渗吸液吞吐效果对比

第2、5组实验也分别注入CO_2和渗吸液，采用相同的吞吐步骤：（1）衰竭生产 →（2）注CO_2/渗吸液恢复压力 →（3）再定压注入0.2PV CO_2/渗吸液 →（4）焖井24h→（5）降压生产。采用CO_2吞吐时，衰竭生产采出程度为20.59%，吞吐后采出程度达到40.34%，比衰竭生产提高 19.75%；采用渗吸液吞吐时，衰竭生产采出程度为 17.83%，吞吐后采出程度达到 27.60%，比衰竭生产提高 9.77%，含水率为 80%~92%（图 3-45）。

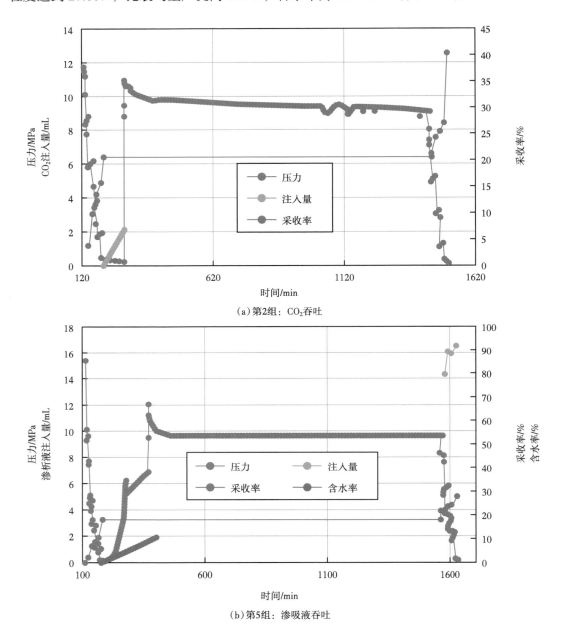

（a）第2组：CO_2吞吐

（b）第5组：渗吸液吞吐

图 3-45　第 2 组 CO_2 吞吐及第 5 组渗吸液吞吐效果对比

第 3、6 组实验也分别注入 CO_2 和渗吸液，采用相同的吞吐步骤：（1）初始压力下直接注入 0.2PVCO_2 / 渗吸液 →（2）焖井 24h→（3）降压生产衰竭生产。当采用 CO_2 吞吐时，吞吐后采出程度达到 31.85%；当采用渗吸液吞吐时，采出程度为 27.18%，含水率为 66%~89%（图 3-46）。

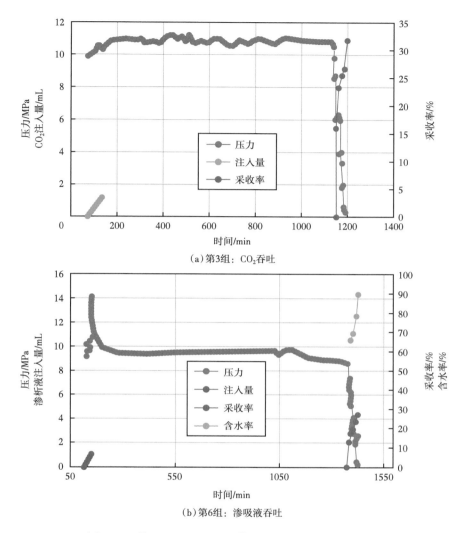

（a）第3组：CO_2 吞吐

（b）第6组：渗吸液吞吐

图 3-46　第 3 组 CO_2 吞吐及第 6 组渗吸液吞吐效果对比

　　将裂缝吞吐实验全部结果汇总于表 3-11。通过对比分析，可以得到：（1）采用 CO_2 进行吞吐的增产效果要优于渗吸液；（2）当注入 CO_2 或渗吸液的量刚好使地层压力恢复至原始值时，注入的 CO_2 或渗吸液主要集中在近井周围，因此开井生产时的增产效果相对较差，相对而言由于 CO_2 在原油中有较强的溶解和扩散能力，因此仍可获得较好的提高采收率效果（第 1 组与第 4 组对比）；（3）当注入的 CO_2 或渗吸液量不仅能使地层压力恢复至原始值，且多注入 0.2PV 时，注入的 CO_2 或渗吸液可以沿着裂缝向地层深处运移，从而接触到更多的含油储层，进而在开井生产时获得显著的提高采收率效果（第 2 组和第 5 组对比，分别额外提高采收率 8.53% 和 4.29%）；（4）不进行衰竭生产而直接进行 CO_2 或渗吸液吞吐时，虽然换油率最高，但最终获得的采收率最低，主要原因是未进行自然衰竭的生产过程，天然能量利用不足。

表 3-11 裂缝吞吐实验结果汇总

序号	注入流体	吞吐方式	衰竭生产采出程度 /%	吞吐 EOR/%	最终采收率 /%	换油率 / (mL/mL)
0	地层水	衰竭 + 恢复 +0.2PV+ 焖 + 降压生产	16.99	4.24	21.23	0.1054
1		衰竭 + 恢复 + 焖 + 降压生产	17.62	15.07	32.70	1.8554
2	CO_2	衰竭 + 恢复 +0.2PV+ 焖 + 降压生产	20.59	19.75	40.34	0.9188
3		0.2PV+ 焖 + 降压生产	0	31.85	31.85	1.3661
4		衰竭 + 恢复 + 焖 + 降压生产	19.53	8.70	28.24	1.4457
5	渗吸液 SX-2	衰竭 + 恢复 +0.2PV+ 焖 + 降压生产	17.83	9.77	27.60	0.6708
6		0.2PV+ 焖 + 降压生产	0	27.18	27.18	1.1658

综合排序如下。

注入流体：（1）CO_2 吞吐可提高采收率 15.07%~19.75%，渗吸液提高 8.70%~9.77%，地层水提高 4.24%；（2）性能排序，CO_2 ＞渗吸液＞地层水。

吞吐方式：（1）采用 CO_2 吞吐时，吞吐方式对采收率影响较大，采用渗吸液吞吐时，吞吐方式影响不大；（2）按采收率排序有，衰竭 + 恢复压力 +0.2PV ＞衰竭 + 恢复压力＞直接吞吐 0.2PV；（3）按换油率排序有，衰竭 + 恢复压力＞直接吞吐 0.2PV ＞衰竭 + 恢复压力 +0.2PV。

第四章　蓄能压裂优化设计

致密储层复杂、储层物性及岩石物性变化较大。致密储层目前常采用体积压裂技术进行压裂，储层压裂后所形成的裂缝形态及导流能力参数存在明显差异，压裂油井在不同缝网参数下产能也高低不同，对后续研究吞吐增油效果具有一定的影响。因此针对不同裂缝形态下的产能差异，开展裂缝缝网形态及裂缝导流能力对油井产能的影响、明确不同物性储层最适合的压裂裂缝形态及裂缝导流能力，后续再进行蓄能参数优化和压裂工艺优化，为吞吐增油确定最佳的储层改造方案，形成一套从储层压裂改造至吞吐增油较为完整的开发技术参数设计方案，对致密储层高效开发及后续吞吐开发均具有重大意义。

第一节　储层物性与体积缝网形态的匹配关系优化

一、体积裂缝缝网刻画模拟

体积压裂技术形成的裂缝不是单一高导流通道，Maxwell 等（2002）与 Fisher 等（2002）于 2002 年利用微地震检测技术研究 Barnett 页岩压裂过程中裂缝形态，发现所形成的裂缝为非对称复杂网状缝。根据致密储层地震监测资料可知，体积裂缝缝网复杂多样，裂缝扩展及走向由于压裂工艺不同存在一定差异。体积缝网在宏观上整个裂缝网络具有一定的走向趋势、主次裂缝具有一定分布区域，如图 4-1 所示；微观上各缝走向任意、长短不一，

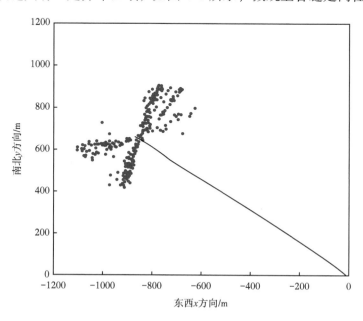

图 4-1　体积压裂缝网地震监测图

压裂裂缝并不是简单的一条高导流通道，每条裂缝间相互沟通连接，形成了类似树根状的复杂裂缝系统，如图 4-2 所示，并具有较强的不可预测性，无法完全按照实际情况描述裂缝分布特征，因此采用"对数网格加密＋等效导流能力"方法将实际微观裂缝简化为垂直交叉分布的裂缝网络并分布于其各自网络区域内，如图 4-3 所示。所以笔者决定采用 CMG 数值模拟软件中的复杂压裂设计功能进行复杂体积缝网数值模拟，该功能能够根据实际裂缝缝网展布形态刻画缝网，并且不同位置裂缝能够自定义裂缝网格渗透率，从而实现模拟体积缝网不同区域主次裂缝的不同导流能力，同时网格对数加密法能够大幅度减少加密后网格数量，降低模型计算量。最后将裂缝变导流性质写入模拟功能中，最终实现复杂体积缝网的数值模拟的精确刻画。

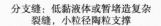

图 4-2　体积压裂缝网微观示意图

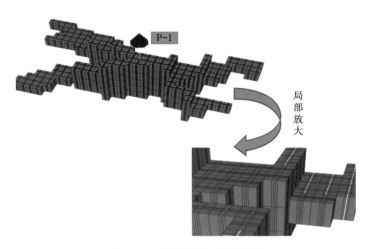

图 4-3　对数网格加密示意图

"X"形体积缝网（含有裂缝的网格）

根据现场压裂结果资料可知，目前致密储层常见的压裂体积缝网共有五类，分别为："X"形体积缝网、"Y"形体积缝网、典型体积缝网，"空竹"形体积缝网及简单高导流主裂缝。由上述裂缝数值模拟方法与裂缝应力敏感性研究及相关现场工程经验进行主次裂缝刻画模拟，模拟效果如图 4-4 至图 4-8 所示。

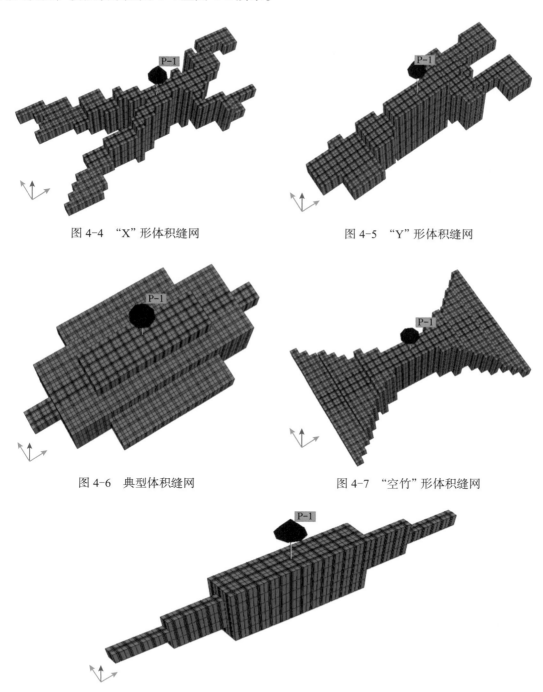

图 4-4　"X"形体积缝网　　　　　　　　　图 4-5　"Y"形体积缝网

图 4-6　典型体积缝网　　　　　　　　　　图 4-7　"空竹"形体积缝网

图 4-8　高导流主裂缝网格

图 4-4 至图 4-8 中代表主裂缝、次裂缝及基质三种介质的渗透率赋值分布，由渗透率的空间差异表征主次裂缝的相对位置，进而实现缝网形态的模拟刻画。各图中深蓝色网格为基质渗透率及其相对位置，浅蓝色网格为次裂缝渗透率及其相对位置，红色网格为主裂缝渗透率及其相对位置。

将基质及裂缝渗透率应力敏感性资料写入数值模型中，实现生产降压过程中裂缝变导流能力设计，数值模拟效果以"X"形体积缝网为例展示基质与裂缝应力敏感性变化规律，图 4-9（a）至图 4-9（f）分别为生产 1 个月、2 个月、3 个月、4 个月、6 个月、10 个月各介质渗透率分布规律。图中颜色代表各级裂缝与基质渗透率，发现随着压力降低裂缝渗透率下降幅度较为明显，由于基质网格处渗透率与裂缝相比过低，所以基质渗透率变化直观上相当微弱，生产降压过程中储层位置不同、油藏压力不同，使不同位置渗透率下降速率及幅度有所差异，整体上渗透率下降规律以井筒为中心逐渐向四周扩散。

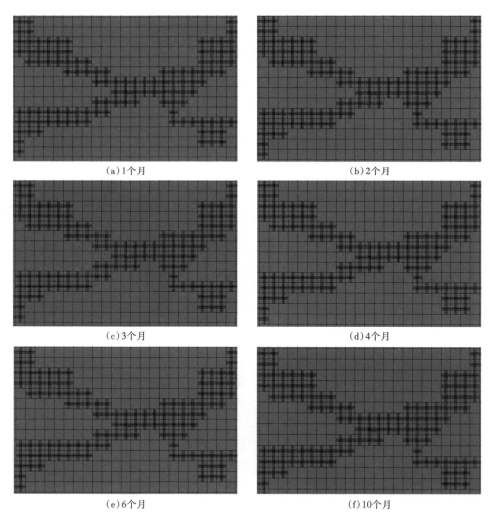

（a）1个月　　　　　　　　　　（b）2个月

（c）3个月　　　　　　　　　　（d）4个月

（e）6个月　　　　　　　　　　（f）10个月

图 4-9　不同生产时长渗透率分布规律

二、储层物性与体积缝网形态的匹配关系

1. 概念模型建立及方案设计

致密储层的储层物性变化明显，不同储层物性对压裂裂缝供油能力不同，不同缝网下油井的产油能力存在一定差异，所以裂缝缝网与储层存在一定的匹配关系。

根据储层物性主要分布规律及各类油藏参数资料，以"孔隙度 + 渗透率"为储层参数变量共设计四类不同储层，在每类储层基础上分别设计模拟刻画五类裂缝缝网，共设计 20 套概念模型，详见表 4-1、表 4-2。设计概念模型为均质油藏，网格大小为 10m×10m×10m，模型平面划分 50m×30m 网格、纵向上分为 10 层，顶深为 3900m；油藏温度为 152℃，地层压力为 38MPa；地层原油密度为 0.7217g/cm³，地层原油黏度为 1.17mPa·s，油水相渗曲线如图 4-10 所示。该节主要研究内容为压裂裂缝形态及导流能力，所以选择黑油模型进行研究模拟，在保证计算结果的准确性的同时极大地降低了模型的计算量，减少了模型运算时间，模型设计一口生产井，岩石参数取自油田概况。

表 4-1　不同类型储层物性参数汇总

储层类别	孔隙度 ϕ/%	气测渗透率 K/mD	K/ϕ
类别1（致密储层）	5	0.1	0.60
类别2（特低渗透储层）	8	1.0	4.50
类别3（特低渗透储层）	13	5.0	9.23
类别4（特低渗透储层）	16	10.0	14.06

表 4-2　储层与缝网优化设计表（4x5=20 组模拟方案）

储层类别	孔隙度 /%	渗透率 /mD	缝网形态
类别1	5	0.1	"Y"形、"X"形、典型、"空竹"形体积缝网，高导流主裂缝
类别2	8	1.0	"Y"形、"X"形、典型、"空竹"形体积缝网，高导流主裂缝
类别3	13	5.0	"Y"形、"X"形、典型、"空竹"形体积缝网，高导流主裂缝
类别4	16	10.0	"Y"形、"X"形、典型、"空竹"形体积缝网，高导流主裂缝

进行裂缝形态优化设计研究时为避免其他因素模拟结果的影响，采用控制变量法进行模拟实验，设计不同缝网的主、次裂缝的导流能力保持相等，同时所设计的概念模型中油井生产制度等其他因素保持相同。裂缝的几何参数根据实际地震监测数据进行设计，不同类型体积缝网参数见表 4-3。

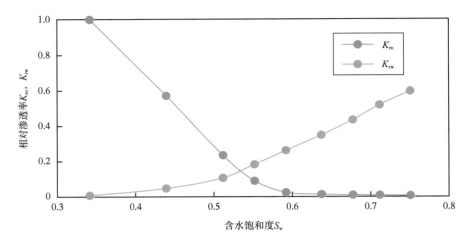

图 4-10　油水相渗曲线

表 4-3　各体积缝网参数表

裂缝类型	支撑剂半缝长 / m	主缝带宽 / m	缝高 / m	主裂缝导流能力 / （mD·m）	次裂缝导流能力 / （mD·m）
"Y"形体积缝网	162	48	50	70	14
"X"形体积缝网	158	47	50	70	14
典型体积缝网	132	40	50	70	14
"空竹"形体积缝网	130	40	50	70	14
高导流主裂缝	165	10	50	70	14

　　进行裂缝导流能力设计研究需要首先确定裂缝缝网形态，裂缝缝网形态的确定根据压裂裂缝缝网设计研究结果进行选择。根据现场实际压裂资料显示，压裂裂缝主裂缝导流能力一般分布于 60mD·m 左右、次裂缝导流能力一般分布于 16mD·m 左右。

　　设计压裂裂缝缝网中主裂缝导流能力测试范围为 20~80mD·m，步长为 10mD·m；次裂缝导流能力测试范围为 12~18mD·m，步长为 2mD·m。

　　在裂缝导流能力设计研究中各模型方案均只有裂缝导流能力该单因素变量，采用控制变量法，保证模型油井生产制度等其他因素保持相同。

　　2. 不同储层不同缝网形态下的累计产油量对比

　　基于上述体积缝网刻画模拟方法及模型设计方案，开展压裂裂缝缝网形态与不同物性储层的匹配研究。运行计算模型，输出各模型累计产油量、生产速率图，详见图 4-11 至图 4-18。观察曲线变化规律，分析不同储层下最适合实际生产要求的压裂缝网形态。

　　（1）储层类别 1 产能曲线如图 4-11 和图 4-12 所示。

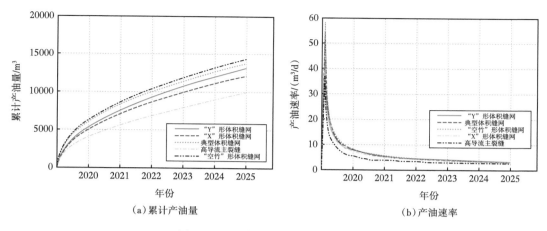

（a）累计产油量 （b）产油速率

图 4-11 累计产油量和产油速率曲线

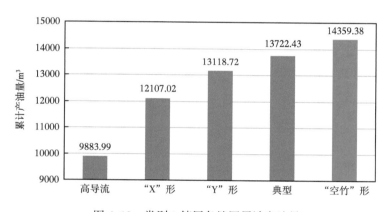

图 4-12 类别 1 储层各缝网累计产油量

（2）储层类别 2 产能曲线如图 4-13 和图 4-14 所示。

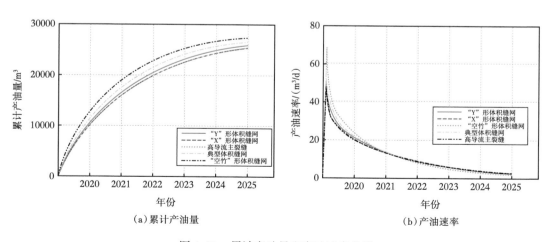

（a）累计产油量 （b）产油速率

图 4-13 累计产油量和产油速率曲线

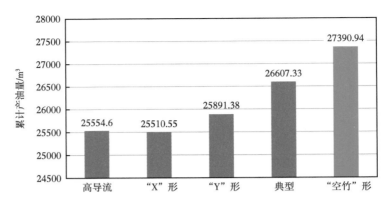

图 4-14　类别 2 储层各缝网累计产油量

（3）储层类别 3 产能曲线如图 4-15 和图 4-16 所示。

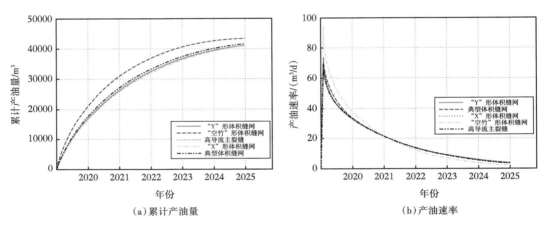

（a）累计产油量　　　　　　　　　　　　　（b）产油速率

图 4-15　累计产油量和产油速率曲线

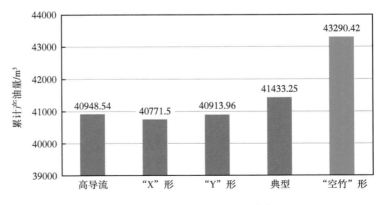

图 4-16　类别 3 储层各缝网累计产油量

（4）储层类别 4 产能曲线如图 4-17 和图 4-18 所示。

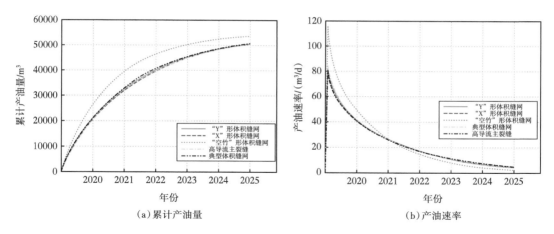

（a）累计产油量

（b）产油速率

图 4-17 累计产油量和产油速率曲线

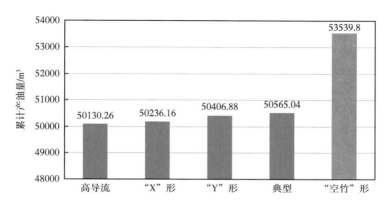

图 4-18 类别 3 储层各缝网累计产油量

由各曲线数据总结如下。（1）观察对比不同储层条件下的同一缝网的累计产油量曲线及产油速率发现，随着储层物性提升油井累计产油量及产油速率随之增大，分析认为随着储层物性变佳，基质的供油能力增强，在同一缝网下油井的产量及产油速率随之增大。（2）观察同一储层内各类缝网的产能曲线，发现产能效果最好的为"空竹"形体积缝网，效果最差的为高导流主裂缝，分析认为同一储层物性下不同缝网其压裂改造规模存在高低，"空竹"形缝网改造体积相对较大，所以其产能较高。（3）综合观察各储层条件下不同缝网的产能曲线，发现随着储层物性提升，"空竹"形体积缝网产能优势越来越明显，而其他三类缝网下产能之间的差异性逐渐变弱，分析认为由于"空竹"形体积缝网远井区域次裂缝分布范围相对较广，储层改造规模较大，能够动用更多的地质储量，所以该缝网条件下产能最佳；而虽然"Y"形与"X"形体积缝网半缝长较大，但是由于裂缝产生分支，流体在缝网之间流动能力降低，因此产能不高。

综上，对于不同储层在不同压裂缝网形态下产能具有一定的差异性。若只考虑采收率因素、尽可能地提高油藏的采收程度而言，认为对于所有储层均应选择"空竹"形体积缝网进行压裂设计。若考虑到压裂成本与投入产出比问题，认为对于物性较佳的储层可选择简单的高导流主裂缝即可，对于物性较差的储层选择"空竹"形体积缝网进行压裂设计。

第二节　主裂缝与次裂缝导流能力匹配关系优化

在实际压裂过程中注入不同类型及剂量的支撑剂均将使得压裂裂缝具有不同的导流能力，裂缝的高导流通道在不同的供油能力条件下存在不同的利用率；如对于物性极差的储层具有较好的裂缝导流能力不能高效地发挥裂缝的高导流能力优势，造成裂缝导流能力与支撑剂的浪费等问题，所以针对不同的储层选择合适的裂缝导流能力进行压裂设计对实际生产设计具有一定的指导意义。

基于上节体积缝网刻画模拟方法及模型设计方案，开展压裂裂缝导流能力与不同物性储层的匹配研究。选择在"空竹"形体积缝网基础上进行压裂裂缝导流能力设计研究。运行计算模型，输出各模型生产动态曲线，绘制各储层次裂缝在不同导流能力下的累计产油量曲线，如图4-19所示，图4-19（a）至图4-19（d）分别对应为储层类别1至储层类别4累计产油量曲线；绘制各储层主裂缝在不同导流能力下的累计产油量曲线，如图4-20所示，图4-20（a）至图4-20（d）分别对应为储层类别1至储层类别4累计产油量曲线。统计计算各储层裂缝在不同导流能力下的累计产油量，分析各储层产能效果最佳时的裂缝导流能力，对压裂设计及对油田现场生产工作的规划具有重大的指导意义。

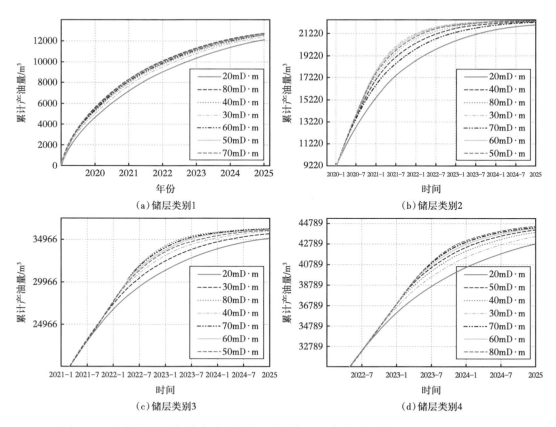

图 4-19　各储层不同主裂缝导流能力下累计产油量曲线（次裂缝导流能力 12mD·m）

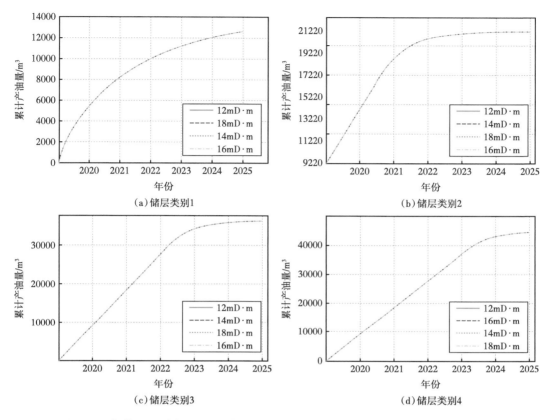

图 4-20　各储层不同次裂缝导流能力下累计产油量曲线（主裂缝导流能力 80mD·m）

一、各类储层不同主次裂缝导流能力时累计产油量变化规律

由图 4-20 可知，各储层次裂缝不同导流能力下累计产油量曲线差异性较低，随着次裂缝导流能力增大累计产油量曲线基本保持不变，次裂缝不同导流能力对油井压裂生产影响作用较弱，次裂缝主要作用为增大储层改造体积，动用更多的地质储量，以此实现压裂增产的目的。由图 4-19 可知，各储层主裂缝不同导流能力下累计产油量曲线具有较明显的差异性，随着主裂缝导流能力增大累计产油量曲线具有明显上升趋势，不同导流能力对油井压裂生产影响较为明显。

二、各类储层不同主裂缝导流能力时累计产油量变化规律

基于上节的研究与分析，以下主要研究各储层中主裂缝导流能力变化对生产的影响作用，统计各类储层主裂缝不同导流能力生产 6 年时的累计产油量，绘制不同导流能力下的累计产油量变化曲线，同时计算并绘制不同导流能力下累计产油量增长率曲线，分析各曲线，在保证产量的同时实现裂缝导流能力利用率的最大化，为各类储层优化设计出最合适的主裂缝导流能力。

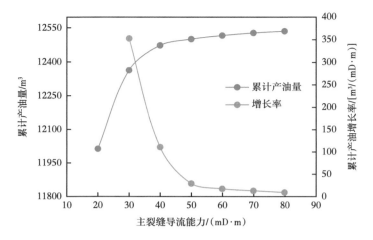

图 4-21　储层类别 1 不同导流能力下产能曲线

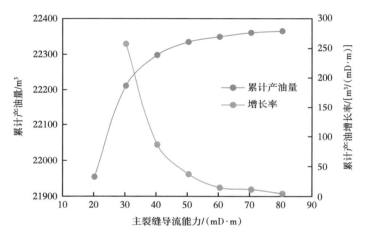

图 4-22　储层类别 2 不同导流能力下产能曲线

由图 4-21 至图 4-24 可知：（1）随着主裂缝导流能力增大各储层的累计产油量随之增大，但是累计产油量的增长速率明显下降，即主裂缝高导流通道优势作用随之减弱，裂缝利用率逐渐降低；（2）不同储层条件下累计产油量随导流能力增长趋势有所不同，可明显发现物性较好的储层其累计产油量增长相对持久，即递增率曲线下降相对较缓，分析认为储层物性好，基质供油能力较强，裂缝内能够流入更多原油，所以压裂增产效果较佳，为实现产能最大化，所需裂缝导流能力相对较高。

主裂缝是连通分支缝到井筒的主要通道，次裂缝是连通基质到主裂缝的主要通道。分析认为存在一个最低主裂缝导流能力，当高于该值时，能够将原油更多更快地从基质和分支缝中有效输送到井筒，否则产能受到抑制。不同储层物性所需要的最小主裂缝导流能力不同，物性越好所需主裂缝导流能力越高，总结各储层主裂缝的最佳导流能力详见表 4-4 和图 4-25。

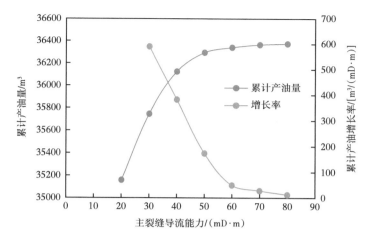

图 4-23　储层类别 3 不同导流能力下产能曲线

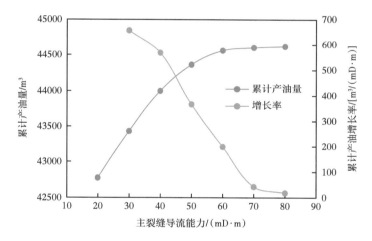

图 4-24　储层类别 4 不同导流能力下产能曲线

表 4-4　各储层主裂缝最佳导流能力研究结果

储层类别	主裂缝最佳导流能力 /（mD·m）	次裂缝最佳导流能力 /（mD·m）
类别 1	30	10
类别 2	30	8
类别 3	40	6
类别 4	50	5

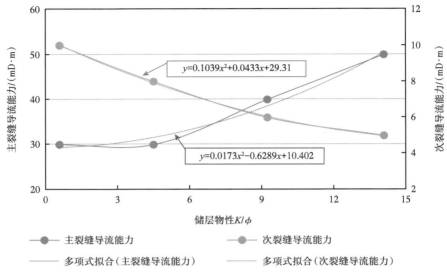

图 4-25　不同储层裂缝导流能力拟合图

第三节　蓄能压裂参数优化

一、压裂前置渗析液参数优化

致密油藏通常注入能力较差，单纯水驱提高原油采收率难度较大，且国内外研究人员针对低渗透油藏裂缝、微裂缝发育和毛细管力渗吸作用强等特点，开展了大量低渗透油藏渗吸研究和矿场先导试验，并取得了显著的增油效果。因此，对致密油藏实施渗吸采油可进一步提高原油采收率。由于渗吸采油主要依靠毛细管力实现"吸液排油"，而毛细管力又受孔喉半径、界面张力和岩石润湿性的影响，所以如何改善渗吸液性能来增强渗吸过程中毛细管力作用受到了油田工作者的高度重视。本节针对不同储层的典型体积压裂进行压裂前置渗析开发参数设计研究。通过建立不同储层典型体积压裂组分概念模型，研究单井压裂后产能效果最佳时的压裂前置渗吸液参数取值，观察不同参数差异、分析不同参数变化规律，总结一般规律，对压裂前置渗吸液参数设计进行一定的指导。

1. 渗析方案设计

本节以典型体积缝网形态为例，开展压裂前置渗吸液参数优化，分析渗吸增油机理。设计两种方案对其进行研究，第一类：注前置液（液态二氧化碳 + 渗吸液）—焖井—大规模压裂—弹性开采。第二类：注前置液（液态二氧化碳 + 渗吸液）—焖井—大规模压裂—焖井—弹性开采。

一般压裂前置渗析开发参数设计包括有：前置液（液态二氧化碳 + 渗吸液）注入量、前置液（液态二氧化碳 + 渗吸液）排量、前置液焖井时间及压裂焖井时间等（表 4-5）。本节采用控制变量法，进行单因素设计分析。

表 4-5 方案设计优化参数及范围

优化参数	参数范围
液态 CO_2 注入量 /t	100，300*，500，700
液态 CO_2 排量 /（m^3/min）	1，2*，3，4
渗吸液注入量 /m^3	100，300*，500，700
渗吸液排量 /（m^3/min）	1，2*，3，4
前置液焖井时间 /d	0，1*，2，3，4，5
大规模压裂液注入量 /m^3	600
压裂液注入速度 /（m^3/min）	4
压裂焖井时间 /d	0，1*，2

注：带 * 的值为其他方案中该参数的取值。

2. 压裂前置渗吸液参数优化

因为储层物性、注采井网、压裂方式等地质及工艺参数的影响，常规压裂工艺单一增加缝长来实现超低渗透油藏尤其是致密油高效勘探开发较为困难，随着致密油的勘探开发，压裂改造在技术手段上寻求突破已经不可避免，"体积压裂"技术手段为这类问题提供了解决方法，该技术现广泛应用于国内外的致密油气藏开发，成为非常规油气藏经济有效开发的关键核心技术。本节以典型体积缝网形态为例，确定各压裂前置渗吸液参数的最佳值。典型体积裂缝形态如图 4-26 所示。

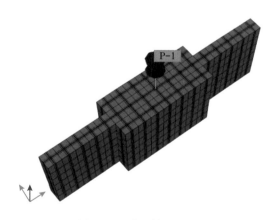

图 4-26 典型体积裂缝

1）二氧化碳注入量

综合上文论述及研究成果对各类物性储层开展不同 CO_2 注入量条件下产能变化规律研究，统计各模型累计产油量，计算并绘制各储层不同注入量下累计产油量规律曲线，如图 4-27 所示，图 4-27（a）至图 4-27（d）分别对应为储层类别 1 至储层类别 4 CO_2 注入量与累计产油量曲线。

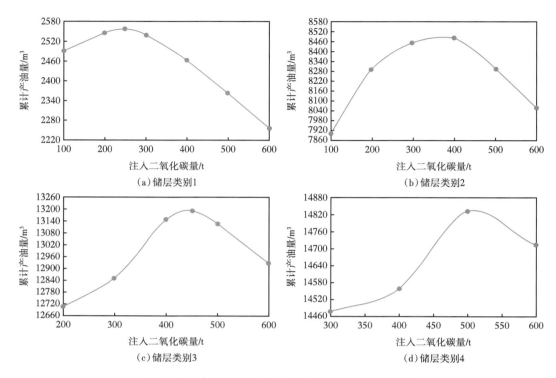

图 4-27　各储层 CO_2 注入量与累计产油量关系曲线

随着 CO_2 注入量增大各类储层油井累计产油量先增大后降低，各储层均存在 CO_2 注入的最佳值。分析发现，储层物性越好，储层的储集及渗流能力越佳，累计产油量最佳值所需 CO_2 量逐渐增加。物性较好的储层对注入流体的多少更加敏感，产能曲线变化较为剧烈。不同物性储层下的累计产油量最佳值详见表 4-6。

表 4-6　各储层物性换油率最大值下 CO_2 注入量

储层类别	CO_2 注入量 /t
类别 1	250
类别 2	400
类别 3	450
类别 4	500

2）二氧化碳排量

综合上文论述及研究成果对各类物性储层开展不同 CO_2 排量条件下产能变化规律研究，统计各模型累计产油量、计算并绘制各储层不同排量下换油率规律曲线，如图 4-28 所示，图 4-28（a）至图 4-28（d）分别对应为储层类别 1 至储层类别 4 CO_2 排量和累计产油量曲线。

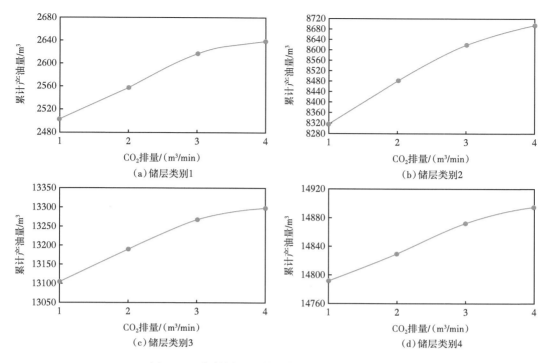

图 4-28　各储层 CO_2 排量与累计产油量关系曲线

注入排量增大各储层累计产油量随之增长，但随着排量的增大，累计产油量的增长趋势有所放缓。分析认为：随着注入排量的增大，井底附近压力较大，注入 CO_2 通过裂缝高导流通道运移至更远的地层深部，CO_2 的波及范围更广，产油量更多。

3）渗吸液注入量

综合上文论述及研究成果对各类物性储层开展不同渗吸液注入量条件下产能变化规律研究，统计各模型累计产油量、计算并绘制各储层不同渗吸液注入量下累计产油量规律曲线，如图 4-29 所示，图 4-29（a）至图 4-29（d）分别对应为储层类别 1 至储层类别 4 渗吸液注入量和累计产油量曲线。

随着渗吸液注入量增大，各类储层油井累计产油量先增大后降低，各储层均存在渗吸液注入量的最佳值。储层物性越好，储层的储集及渗流能力越佳，累计产油量最佳值所需渗吸液量逐渐增加。

4）渗吸液排量

综合上文论述及研究成果对各类物性储层开展不同渗吸液排量条件下产能变化规律研究，统计各模型累计产油量、计算并绘制各储层不同渗吸液排量下累计产油量规律曲线，如图 4-30 所示，图 4-30（a）至图 4-30（d）分别对应为储层类别 1 至储层类别 4 渗吸液排量和累计产油量曲线。

注入排量增大各储层累计产油随之增长，但随着排量的增大，累计产油量的增长趋势有所放缓。随着注入排量的增大，井底附近压力较大，注入渗吸液通过裂缝高导流通道运移至更远的地层深部，渗吸液的波及范围更广，产油量更多。考虑岩石应力方面，较大的排量能够在正式压裂前产生微裂缝，对后续压裂具有良好的辅助作用，建议大排量注入。

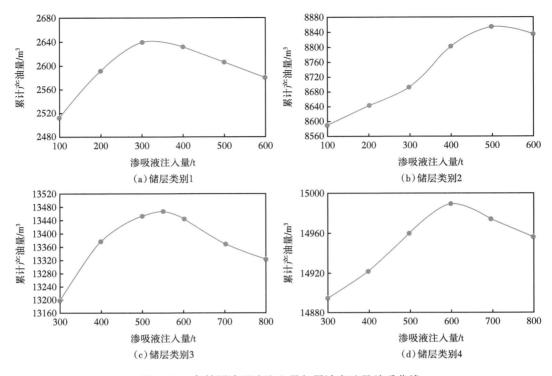

图 4-29　各储层渗吸液注入量与累计产油量关系曲线

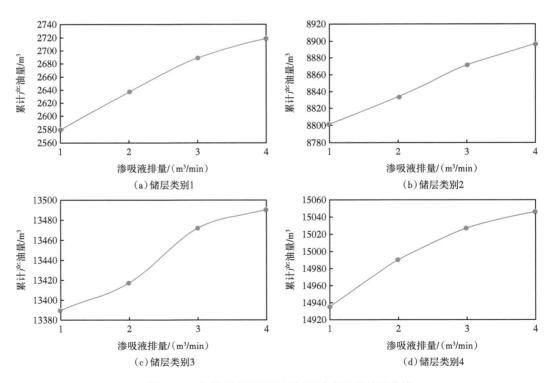

图 4-30　各储层渗吸液排量与累计产油量关系曲线

5）前置液焖井时间

综合上文论述及研究成果对各类物性储层开展不同前置液焖井时间条件下产能变化规律研究，统计各模型累计产油量、计算并绘制各储层不同前置液焖井时间下累计产油规律曲线，如图 4-31 所示，图 4-31（a）至图 4-31（d）分别对应为储层类别 1 至储层类别 4 前置液焖井时间和累计产油曲线。

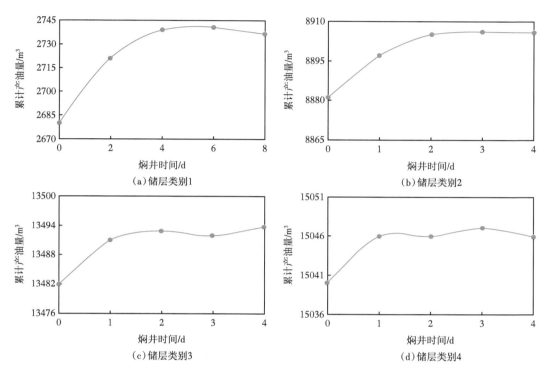

图 4-31 各储层前置液焖井时间与累计产油量关系曲线

随着焖井时间增加，各储层累计产油随之增长，但累计产油增长速率明显下降。不同储层存在最佳焖井时间，储层物性越好，焖井时间越短。储层物性越好，渗流阻力越小，CO_2 及渗吸液渗流速度更快、所用焖井时间较短。

6）压裂后焖井时间

综合上文论述及研究成果对各类物性储层开展不同压裂后焖井时间条件下产能变化规律研究，统计各模型累计产油量、计算并绘制各储层不同压裂后焖井时累计产油规律曲线如图 4-32 所示，图 4-32（a）至图 4-32（d）分别对应为储层类别 1 至储层类别 4 压裂后焖井时间和累计产油曲线。

压裂后焖井对累计产油影响较弱，油井累计产油变化小于 $10m^3$，长时间焖井后油井产能开始出现下降趋势。注入储层内的前置液已在上阶段完成渗吸及扩散作用。大规模压裂液对致密储层渗吸作用影响较弱。长时间压后焖井反而影响矿场实际生产工作。

3. 渗吸替油过程描述

经过研究分析，确定压裂前置渗析液的最优方案，在此条件下采用渗吸液饱和度分布、含油饱和度及流动向量三种参数描述焖井过程中渗吸液的渗吸替油过程。

低渗透致密储层蓄能压裂理论与实践

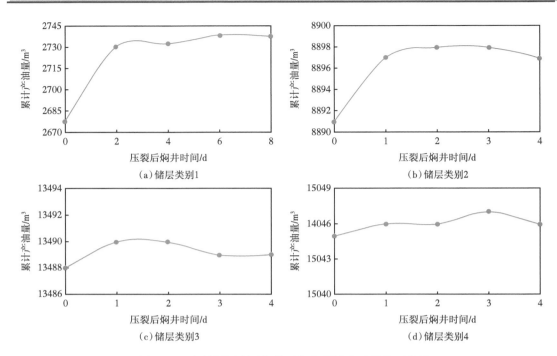

图 4-32　各储层压裂后焖井时间与累计产油量关系曲线

1）渗吸液饱和度分布

焖井过程中渗吸液饱和度分布如图 4-33 至图 4-35 所示。

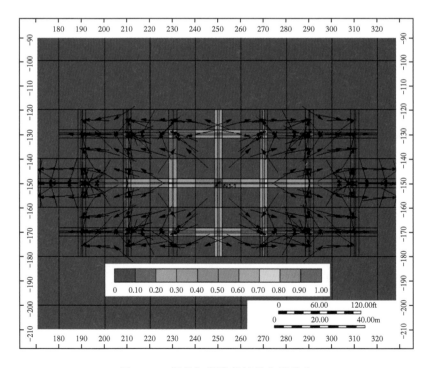

图 4-33　焖井初期渗吸液饱和度分布

70

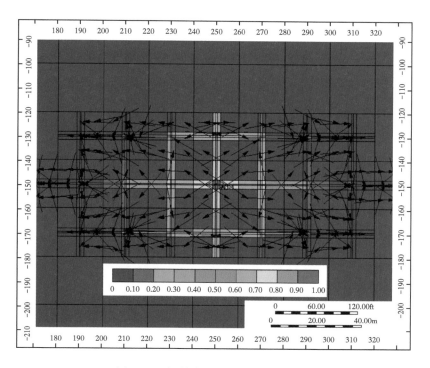

图 4-34　焖井中期渗吸液饱和度分布

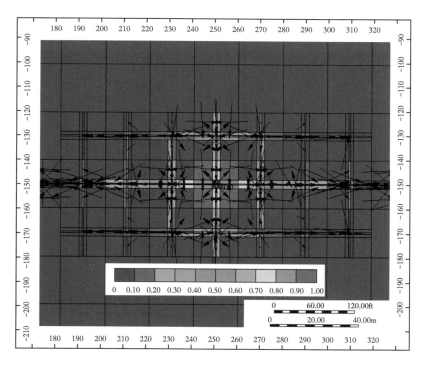

图 4-35　焖井末期渗吸液饱和度分布

2）含油饱和度及流动向量

含油饱和度及流动向量如图 4-36 至图 4-38 所示。

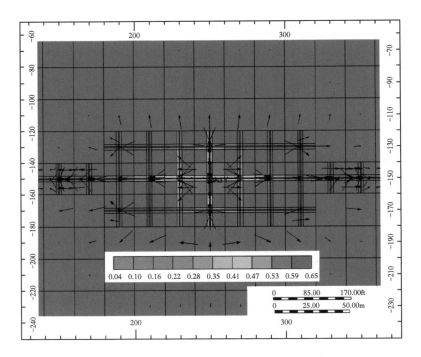

图 4-36　焖井初期含油饱和度及流动向量分布图

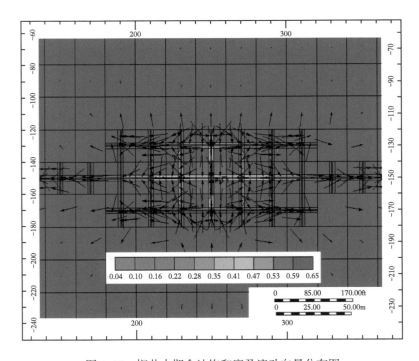

图 4-37　焖井中期含油饱和度及流动向量分布图

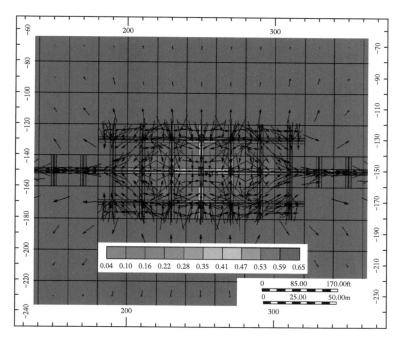

图 4-38　焖井末期含油饱和度及流动向量分布图

　　裂缝及其周边高饱和度渗吸液在毛细管力作用下向储层深处运移，前置渗吸液发挥其渗吸置换原油的作用。储层原油在渗吸置换作用下逐渐向裂缝流动，渗吸作用范围随着焖井时间增长而增大，裂缝及井筒附近长时间渗吸后仍聚集不少渗吸液，致密储层渗吸具有一定的作用程度，所以渗吸液存在合适的注入量。

4. 经验公式总结

　　建立前置液注入参数与储层物性关系经验公式（图 4-39），对不同储层压裂前置液注入设计具有一定指导意义。

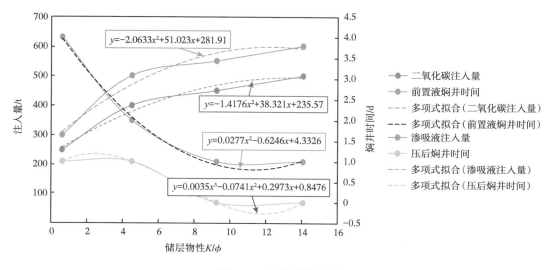

图 4-39　各参数拟合图

对于前置液排量设计，前置液高速注入使得注入流体波及更远储层，且能够缩减工作时间，并且较大排量能够使得储层产生微裂缝，对后续压裂具有良好的辅助作用，建议选择大排量注入。

二、压裂后吞吐开发参数优化

由前文所述目标区块物性范围较广，不同物性储层条件下其产能具有一定的差异性，在进行吞吐开发生产时，不同储层对各开发参数具有不同的敏感性，所以本节针对不同物性储层进行吞吐开发参数设计研究。通过建立不同物性储层组分概念模型，研究单井压裂后产能效果最佳时的吞吐开发参数取值，观察不同物性储层间吞吐参数差异、分析不同物性储层间吞吐参数变化规律，总结一般规律，对不同物性储层的压裂吞吐参数设计具有一定的指导意义。

1. 组分概念模型设计

针对四类储层分别设计四组吞吐开发组分概念模型，储层划分结果详见表4-7。设计概念模型为均质油藏，考虑到组分模型9组分变化导致的庞大的计算量，所以模型平面基础网格为20m×20m，平面网格数为50×30，纵向上分为10层、每层10m，即层厚为100m，顶深为3900m。油藏温度为152℃，地层压力为38MPa，饱和压力为6.6MPa；地层原油密度为0.7217g/cm³，地层原油黏度为1.17mPa·s。组分模型中关键的流体组分及组成部分则利用储层流体组分拟合结果，通过Winprop功能输出流体组分模型数据体并导入设计模型中，从而实现组分概念模型中关键的流体组分与组成设计。模型设计生产井一口、注入井一口，两口井位置及射孔等参数相同、按照吞吐原理交替工作，模拟单井吞吐生产过程。岩石参数取自油田概况。同时由上文研究结果确定四类储层均采用"空竹"形体积缝网进行吞吐开发参数设计，不同模型体积缝网中各级裂缝的导流能力根据上文研究结论进行设计。

表4-7 储层分类结果

储层类别	孔隙度/%	渗透率/mD
类别1	5	0.03
类别2	8	0.36
类别3	13	1.20
类别4	16	2.30

2. 吞吐开发参数优化

一般吞吐开发参数设计包括有：吞吐注入量、注入速率、焖井时间、吞吐时机及吞吐轮次等。本节采用控制变量法，进行单因素设计分析。目前常用增油量与换油率评价不同吞吐开发参数条件下的提采效果。增油量指注入CO_2吞吐生产条件下产油量与未注入CO_2条件下保持原有生产方式的产油量之差，单位为m^3；换油率指注入CO_2吞吐生产条件下增油量与注入地层中CO_2量之比，单位为t/t。为实现吞吐介质使用率最大化，本节选择换油率作为评价指标，确定各吞吐开发参数的最佳值。

1）CO_2注入量

综合上文论述及研究成果对各类物性储层开展不同CO_2注入量条件下产能变化规律研究，统计各模型增油量，计算并绘制各储层不同注入量下换油率规律曲线，如图 4-40 所示，图 4-40（a）至图 4-40（d）分别对应为储层类别 1 至储层类别 4 换油率曲线。

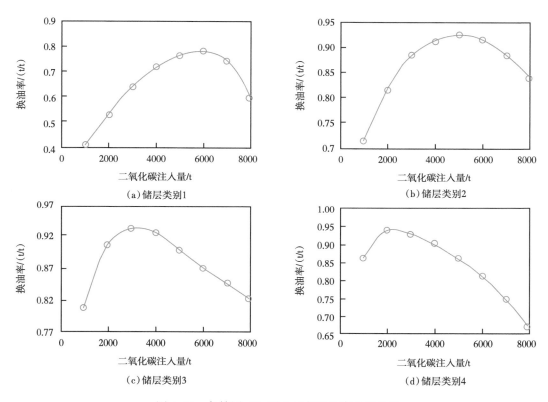

图 4-40　各储层 CO_2 注入量与换油率关系曲线

随着CO_2注入量的增加，换油率出现先上升后降低的变化规律；随着储层物性变佳，换油率达到最高值所需CO_2的量随之减少，换油率最大值也随之增大。分析认为：CO_2的注入量较少时，CO_2能够完全溶解于储层原油中，同时由于注入CO_2而产生的气驱作用效果微弱，此阶段换油率随着注入量增加而增大；当CO_2注入量达到某一值时换油率达到最大值，此时CO_2的溶胀降黏作用与其气驱作用达到最佳的平衡点；注入量大于该值后，储层原油由于CO_2的气驱作用驱至地层深处、远离井筒，降压生产时也无法回流至井筒，所以此阶段换油率随着注入量增加而降低。由于体积缝网存在，注入等量的CO_2更易于通过高导流裂缝通道流向地层深处、波及范围更广，该现象随储层物性越差越明显，即物性差的储层需要较少的CO_2就达到换油率的最大值，所以换油率实现最大值所需的CO_2量随着储层物性越好而越多，不同物性储层下的换油率最佳值详见表 4-8。

表 4-8 各储层物性换油率最大值下 CO_2 注入量

储层类别	储层物性（K/ϕ）	CO_2 注入量 /t
类别 1	0.60	6000
类别 2	4.50	5000
类别 3	9.23	3000
类别 4	14.06	2000

统计不同储层最优 CO_2 注入量，建立最优 CO_2 注入量与储层物性关系经验公式（图 4-41），对不同储层 CO_2 吞吐开发设计具有一定指导意义。

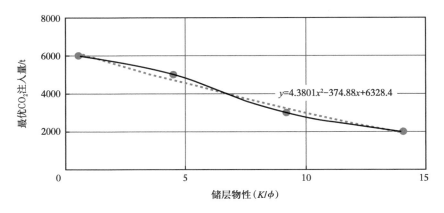

图 4-41 最优 CO_2 注入量与储层物性关系经验公式

2）CO_2 注入速率

综合上文论述及研究成果对各类物性储层开展不同 CO_2 注入速率条件下产能变化规律研究，统计各模型增油量、计算并绘制各储层不同注入速率下换油率规律曲线，如图 4-42 所示，图 4-42（a）至图 4-42（d）分别对应为储层类别 1 至储层类别 4 换油率曲线。

随着 CO_2 注入速率的增大换油率逐渐上升，但是换油率增长速率逐渐下降，当注入速率达到某一值后换油率增长微弱、甚至基本保持不变；储层物性越好换油率增长速率随着注入速率的增大而越快，换油率实现微弱增长时所需注入速率越慢。分析认为：同一储层中注入速率越大、井底压力相对越高，压裂裂缝的高导流通道优势更易于体现出来，注入的 CO_2 更易于向地层深处流去，CO_2 的波及范围更大，所以注入速率越大，换油率越高；但是由于 CO_2 的气驱作用，过大的注入速率会将部分原油驱离井筒致使换油率不再上升，所以换油率的上升速率逐渐降低。储层物性越好，在相同注入速率下由裂缝进入储层的 CO_2 就相对更多，注入 CO_2 的气驱作用就相对明显，所以储层物性越好，对注入速率越敏感，当注入速率较低时其换油率就能够快速上升，实现换油率的最大值时所需的 CO_2 的注入速率相对较低。

3）焖井时间

综合上文论述及研究成果对各类物性储层开展不同焖井时间条件下产能变化规律研究，统计各模型增油量、计算并绘制各储层不同焖井时间下换油率规律曲线，如图 4-43 所示，图 4-43（a）至图 4-43（d）分别对应为储层类别 1 至储层类别 4 换油率曲线。

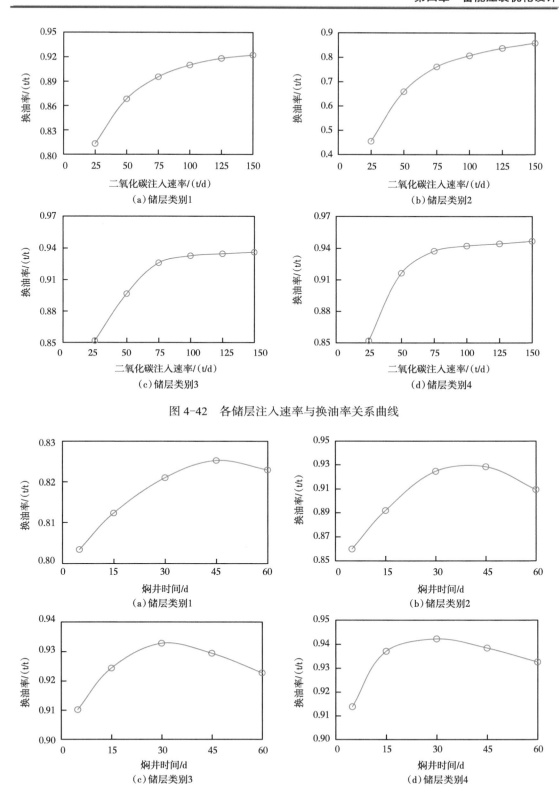

图 4-42　各储层注入速率与换油率关系曲线

图 4-43　各储层焖井时间与换油率关系曲线

不同物性储层下换油率随着焖井时间的增加呈现先上升后下降的趋势。物性较差储层实现换油率最大化时所需的焖井时间相对较久，说明物性较好的储层对焖井时间具有更强的敏感性。分析认为：焖井时间增加，CO_2溶解扩散作用时间更久，CO_2较为充分地溶解在储层原油中，井筒周围局部的高压能够更好波及分散区域，提高气体的波及系数，所以换油率随着焖井时间的增加而上升；但是当换油率达到最大值后，若焖井时间过长无法大幅度地增加CO_2溶解度，甚至导致井筒压力过于分散，储层原油无法回流，则换油率下降；另外焖井时间过长相对缩短了生产时间，同样导致换油率发生降低现象。储层物性越好渗流阻力越小，CO_2的溶解扩散作用速度更快，CO_2及压力需要较少的扩散时间就能够达到最佳的作用效果，所以物性较好的储层需要较少的时间就实现换油率的最大值，而物性较差的相反。各储层物性的最优焖井时间见表4-9。

表 4-9　各储层物性的最优焖井时间

储层类别	储层物性（K/ϕ）	最优焖井时间 /d
类别 1	0.60	45
类别 2	4.50	45
类别 3	9.23	35
类别 4	14.06	30

统计不同储层最优焖井时间，建立最优焖井时间与储层物性关系经验公式（图4-44），对不同储层进行CO_2吞吐开发时焖井时间参数设计具有一定的指导意义。

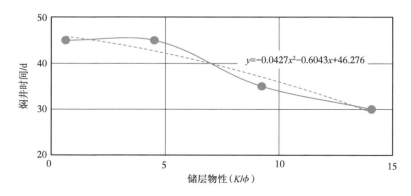

图 4-44　最优焖井时间与储层物性关系经验公式

4）吞吐时机

综合上文论述及研究成果对各类物性储层开展不同吞吐时机条件下产能变化规律研究，统计各模型增油量、计算并绘制各储层不同吞吐时机下换油率规律曲线，如图4-45所示，图4-45（a）至图4-45（d）分别对应为储层类别1至储层类别4换油率曲线。

随着吞吐时机的增加各储层换油率均逐渐降低，且下降趋势及速度差异性较小；储层物性越好选择吞吐时机越晚。分析认为：储层吞吐物性越好，地层原油储量越大、储层的供油能力较强，在相同生产压差及工作制度下天然能量弹性衰竭开发时间越长，所以在转吞吐时相对较晚。

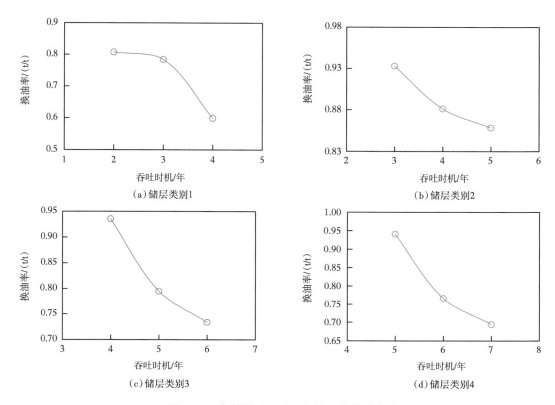

图 4-45 各储层吞吐时机与换油率关系曲线

5）吞吐轮次

综合上文论述及研究成果对各类物性储层开展不同吞吐轮次条件下产能变化规律研究，统计各模型增油量、计算并绘制各储层不同吞吐轮次下换油率规律曲线，如图 4-46 所示，图 4-46（a）至图 4-46（d）分别对应为储层类别 1 至储层类别 4 换油率曲线。

随着吞吐轮次增加换油率逐渐下降，各储层经过吞吐 4 轮次后换油率均已下降至 0.4 以下甚至更低；随着吞吐轮次增加，储层物性越好其换油率下降幅度越小且下降速率越慢。分析认为：储层物性越好地层原油储量越大，在相同生产压差计工作制度下，产能下降越慢，换油率下降幅度越小。因此对于物性较好的储层可以适当增加吞吐轮次进而实现提高油藏采收率。

6）CO_2 对原油黏度的影响规律

研究成果如图 4-47 至图 4-52 所示。

注入阶段：CO_2 主要沿着裂缝高导流通道流向地层深处，随着注入量的增多，波及范围增大，井筒及缝网内原油黏度开始降低。

焖井阶段：裂缝内 CO_2 逐渐向基质内及地层深处运移。CO_2 逐渐发挥其扩散与溶胀降黏作用，其影响范围逐渐更广。

生产阶段：井筒降压生产，溶解的 CO_2 随着原油产出而产出，地层内 CO_2 又逐渐降低。

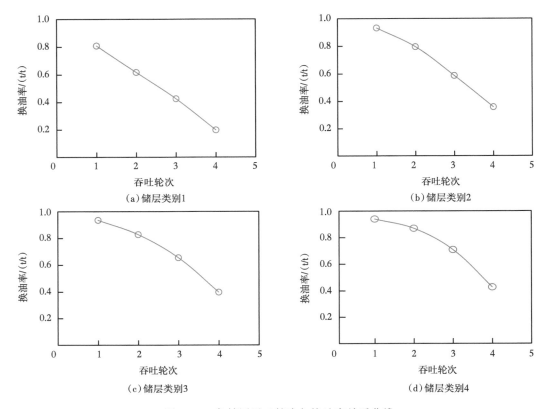

图 4-46　各储层吞吐轮次与换油率关系曲线

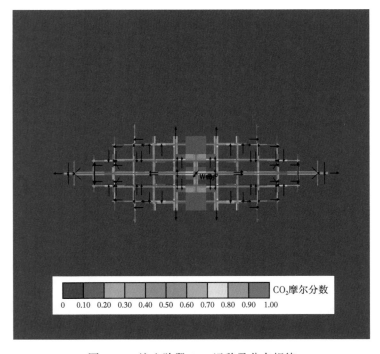

图 4-47　注入阶段 CO_2 运移及分布规律

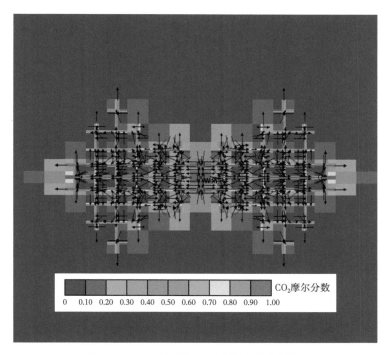

图 4-48 焖井阶段 CO_2 运移及分布规律

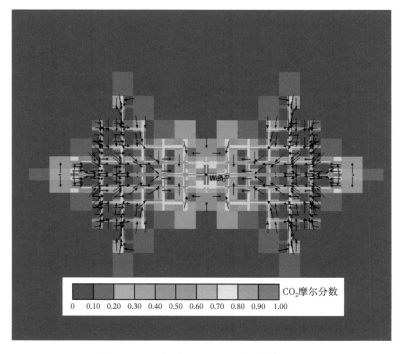

图 4-49 生产阶段 CO_2 运移及分布规律

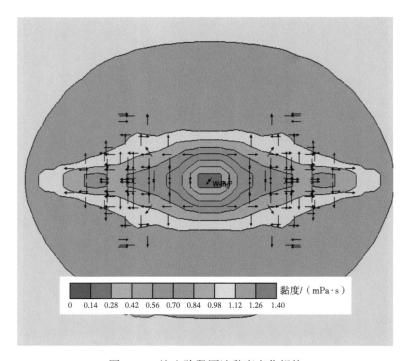

图 4-50   注入阶段原油黏度变化规律

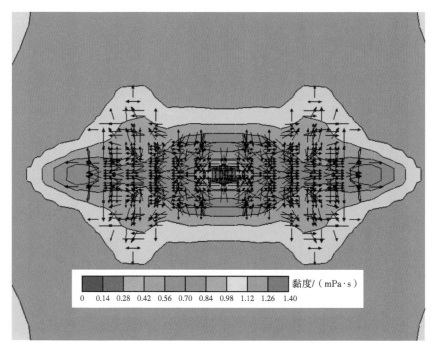

图 4-51   焖井阶段原油黏度变化规律

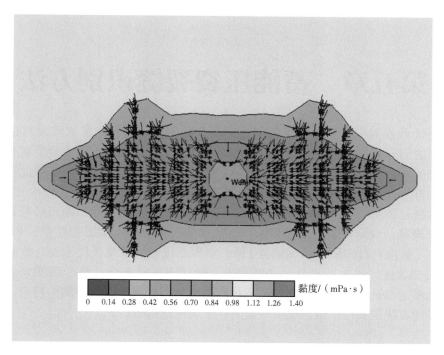

图 4-52 生产阶段原油黏度变化规律

第五章　蓄能压裂裂缝识别方法

裂缝是油藏开发中一个需要关注却成因复杂的因素，裂缝的形成和发育也具有随机性，储层裂缝研究的难度因裂缝非均质的分布特征而大大增加。正因为裂缝对开发的影响大但研究难度高，国内早期研究工作就已经对准储层裂缝这个研究难点，因此我国研究裂缝的方法在世界范围处于领先地位。

储层致密是致密油气的最典型特征。致密油气与常规油气相比，距离烃源岩近，油气大规模连续聚集，没有明显的圈闭界限，受地层构造影响小；储层物性差，非均质性强，储量密度比（单位岩石体积的油气储量）低，资源品位差，富集区优选及有效储层预测难度大；渗流能力差，单井产量低，递减率大，油气田采收率低，稳产难度大，经济效益差。国内低渗透油藏在过去三十年的开发过程中，针对低渗透裂缝油藏的特点，常用的压裂后裂缝描述方法主要包括微地震事件监测和压裂液返排分析。

第一节　微地震识别方法

微地震监测技术是一种通过观测微地震事件来监测生产活动的地球物理技术。该技术分析计算裂缝网络的几何特征，即方位、长度、高度等信息，实时评判压裂效果，了解压裂增产过程中人工造缝情况，以指导优化下一步压裂方案，达到提高采收率的目的。该技术的理论基础是声发射学、摩尔—库仑理论和断裂力学准则。微地震监测技术与常规的地震勘探技术相比，其不同点在于要求解震源的位置、时刻和震级。

微地震监测技术起源于 20 世纪 40 年代，1976 年桑地亚国家实验室确立了井下微地震观测方法，20 世纪 80 年代，该技术主要集中于裂缝成像反演方法，到了 20 世纪 90 年代，出现多级检波器且得到广泛的应用。近年来随着非常规油气资源的规模开发，微地震监测技术得到了迅速发展，该技术通过分析压裂后获得的数据来评估压裂作业效果，为进一步的压裂调整等提供依据。

一、微地震震源定位

微地震震源定位是微震监测的核心和目的。在压裂的过程中，因为压力的不断增大使得岩石产生裂缝，即该地层发生微地震，微地震信号分别以 P 波和 S 波的形式传播。一个地震事件发生后，震源即发震初始位置以及发震时刻，表示为 (x_0, y_0, z_0, t_0)。随着微震事件在时间和空间上的逐渐产生，附近的检波器接收由微震事件发出的波动信号，如图 5-1 所示，由于微地震信号具有能量弱、持续时间短等特点，采集系统要先对接收到的微地震事件进行预处理和合理过滤，要分析计算其幅度谱、频谱、能量包络以及频带范围等微地震信号特征，进而判断并确定有效事件，使过滤背景噪声后的微震信号显示一致，保证每个接收到的微震信号的真实性，避免伪信号的进入，这是微地震实时监测成败的关键。在对观测点（x_i，y_i，z_i）的分析中，若发现有较高的信噪比（S/N），可确定该震源弹性波到达该观测点的时间 t_i，从而可计算出震源与观测点之间的距离。理论上，通过对 4 个观测点的数据分析即可得到震源的信息，甚至有时候 3 个就可以。通过求解这一系列微震源点，微震定位结果便持续不断更新，形成一个裂缝延伸的动态图，便可直观得到裂缝的长度、宽度、顶底深度、两翼长度以及方位。实际定位中，由于各种因素（如背景噪声等）的影响，定位点一定是一个较大的区域，当增加观测点数量时，定位精度提高，所得震源就更准确可信。

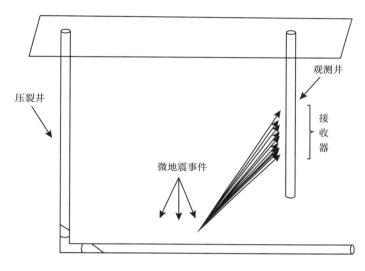

图 5-1　压裂微地震监测示意

二、低渗透致密储层压裂微地震监测方法

低渗透致密储层压裂微地震监测方法一般分为微地震井中监测技术和微地震地面监测技术。

1. 微地震井中监测技术

微地震井中监测技术的首次提及是在 1917 年 Fessenden 的报告中，他提出矿体位置的探测可利用检波器和井中震源监测，继而井中地震勘探研究开始在国外逐渐发展，而该技术在国内的应用始于 1984 年，胜利油田和辽河油田对该技术进行了相关试验，拉开了微地震井中监测技术在国内研究的序幕。

微地震井中监测是压裂微地震监测的一种主要方法，是指通过布置在邻井或同一监测井中的高灵敏度检波器接收微地震波信号，并同步记录信号，使得现场可以分析求解微地震事件，达到对微震事件的监测目的的一种技术。该技术监测精度相比地面监测技术要高，其最明显的优点是干扰噪声较小，信噪比较高。

井中微地震的监测资料处理流程如图 5-2 所示，主要分为 3 个部分：监测资料的预处理、有效事件的识别和震源的最终定位。首先，要进行微地震监测资料预处理，利用射孔记录，确定三分量检波器的方位角，并利用该方位角对监测资料进行校正；其次，由于复杂噪声环境会影响有效信号的识别，故要对压裂产生的较大能量的微地震信号进行一系列的滤波处理，复杂噪声环境主要包括随机噪声、强能量低频背景噪声、强能量扰动信号、井筒波和导波等，在滤波后就能够很精确地拾取到记录中的 P 波与 S 波；然后，进行微地震有效事件的拾取，国内外主要采用基于长短时窗能量比（LTA/STA）的方法来进行自动拾取，因为该方法能大大提高拾取效率；最后，综合利用首波与直达波进行震源反演的方法以及相对定位的方法对微地震震源进行定位。

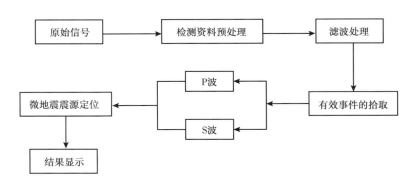

图 5-2　微地震井中监测数据处理解释流程

我国微地震井中监测技术长期处于跟随状态。1985 年，垂直地震剖面（VSP）技术被中国石油天然气总公司正式列为"七五"攻关项目；1999 年，胜利油田为进行井间储层连通性研究而开展了井间地震试验；2007 年，高密度的 Walkaround VSP 试验在吐哈探区首次被实现；2014 年，中国石油首次开展了全井段 DAS 光纤地震试验，该试验实现了井中监测技术在多方面的应用。

2. 微地震地面监测技术

微地震地面监测技术是指大量检波器布设在地面区域，形成 3D 测网进行微地震信号数据的拾取和分析，对微地震事件进行监测从而评估压裂效果。地面监测往往是井中监测的有利补充。McMechan 于 1982 年提出对地面监测震源定位问题，可利用反射地震数据体的偏移模型解决；Kiselevitch 等于 1991 年新定义了一个相干系数并提出了有关微地震地面监测的声发射成像法；2004 年 6 月，水力压裂地面微地震监测技术在 Barnett 页岩区第一次得以应用。依据监测仪器的布设方式，微地震地面监测技术又可细分为地表监则技术和浅井监测技术。

地表监测是将检波器放置在距地 20~30cm 处，由于地表随机噪声较强，且微地震信号能量较弱，待纵横波信号传至地表时大部分已被噪声淹没，故检波器一般被要求放置在离井口有一定距离处，且要以井口为中心，以多方位覆盖的排列方式进行布置，以达到微震能量聚拢的效果，进而更好地达到监测效果。微地震地表监测数据处理解释流程如图5-3 所示。能量扫描定位法是地表监测中常用的微震事件定位方法。浅井监测是指将检波器放置在有一定深度的浅井之中，其目的是尽量减少地面对微震信号能量衰减的影响。浅井监测的数据处理解释方法与地表监测的方法相同。

对于在地表使用大规模阵列式监测方法，其检波器数量多，故占巨大优势，但因其定位处理成功率不高且施工复杂导致其不能用作日常监测手段。理论上说，只要观测区域极度安静，单台检波器就能观测到 0 级以下的微地震，但很难有这种观测环境。

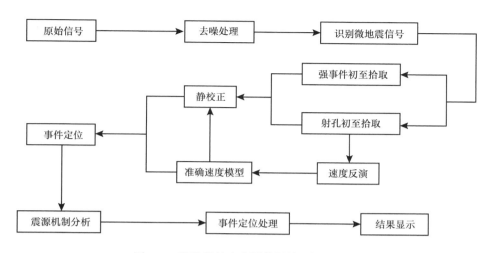

图 5-3　微地震地表监测数据处理解释流程

3. 井中监测与地面监测对比

微地震井中监测技术和微地震地面监测技术有各自的优缺点。井中监测能达到较高的水平和垂直定位精度，技术已经发展成熟，其最大的优点是干扰噪声相对地面要小很多，记录信号的信噪比较高，能获得高质量的数据。其局限性是检波器阵列的放置被限制在某一线段范围内，可能会引起一系列误差，井下设备昂贵以及阵列施工复杂费时导致成本变高。

地面监测由于监测方位角大的优点，能更精确地确定微震裂缝的走向，水平定位结果精度较高，而且检波器的大量放置使得该技术具有更广的监测范围。但由于布设点常常达到几百个，检波器总数可以以万为单位计量，导致投入的成本过多，且检波器放置在地面受地表干扰严重，实时处理难度较大。

三、微震监测技术发展方向

随着我国油气勘探开发技术的发展与不断提升，微地震监测技术将面临从勘探到开发各个环节不同应用目的的挑战。而且，勘探对象不同，该技术也会面临不同的挑战。

1. 地面监测逐渐成为趋势

虽然井中监测技术和地面监测技术各有其优缺点，但近年来，随着研究者们对微地震地面监测技术的不断研究和攻克，证明地面监测技术能够得到可信的数据，而且也能基本满足刻画裂缝形态的需求。地面监测技术的最大优点是能够对大区域或范围内的水平井压裂或油田开发以及注水过程进行监测。目前各大石油服务公司都在抓紧研发地面监测技术，引发技术热潮，使得该技术的业务量迅速在世界各地大幅度增长。我国的非常规勘探技术尚处于起步发展阶段，而供井下观测的野外井很少，故地面微地震监测技术将更多地被应用，该技术也是发展和努力的方向。

2. 井中监测步入精细化

虽然微地震井中监测技术已经实现实时处理，但是其精确度仍有很大的提升空间。在井中监测中仪器数据传输能力会逐步提高，多井井中监测也成为一种选择。而且，偏振方向分析的计算以及初至拾取的精度将会通过交互分析和迭代求解得到进一步的提高和进步。

3. 安置永久检波器及油藏长期动态监测

随着仪表化油田的出现，在油气田开发过程中，通过安置永久检波器来监测地下流体诱发微地震事件便占据着重要位置。该永久检波器的要求是性价比要高，如维护费用低，能自动检测事件，能实现实时数据回收等。在非常规油气开采阶段，油藏驱动监测是必不可少的，因为我国非常规油气田要靠注气、注水等油藏驱动措施来保持稳产，所以可以利用在注气、注水过程中引发的微地震事件进行油藏驱动监测，实现岩石内部流体前缘三维成像，油藏工程师可以通过分析裂缝成像等来整体优化采油方案，提高油气田采油率和开发率。与普通压裂作业产生的微地震事件相比，这种注水、注气产生的微震事件能量会更小且信噪比更低，需要进行专门的去噪处理和定位方法研究。

4. 发展快速准确的地震矩张量反演（MTI）方法

地震矩张量反演（MTI）方法是从微地震震源机制入手，通过对岩石破裂过程及破裂力学和应变力学的分析解释，对产生微震信号的震源区域进行裂缝描述，得到更丰富的震源参数。而传统的地震矩张量反演方法耗时长且复杂，所以急需发展快速而准确的矩张量反演方法。地震矩张量反演可以分析从地下检波器获得的信号及辐射状图形，判断裂缝面和滑移度，可以提供裂缝的方向、体积及支撑剂的分布等信息，同时可提供建立地质力学的框架，也有助于实现增产的目标。

四、微地震识别裂缝

根据目标区块地震监测资料可知，体积缝网在宏观上整个裂缝网络具有一定的走向趋势、主次裂缝具有一定分布区域，如图 5-4 所示；微观上各缝走向任意、长短不一，压裂裂缝并不是简单的一条高导流通道，每条裂缝间相互沟通连接，形成了类似树根状的复杂裂缝系统，如图 5-5 所示，并具有较强的不可预测性，无法完全按照实际情况描述裂缝分布特征，因此采用"对数网格加密 + 等效导流能力"方法将实际微观裂缝简化为垂直交叉分布的裂缝网络分布于其各自网络区域内，如图 5-6 所示，实现复杂体积缝网的数值模拟的精确刻画。

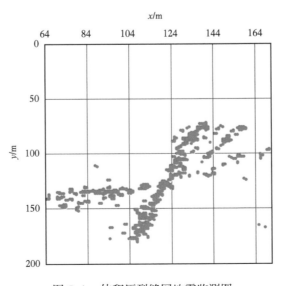

图 5-4 体积压裂缝网地震监测图

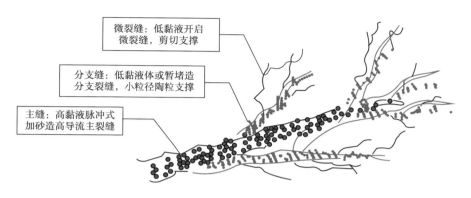

图 5-5 体积压裂缝网微观示意图

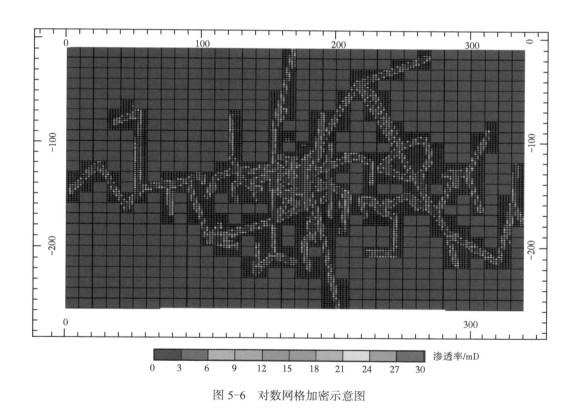

图 5-6 对数网格加密示意图

第二节 压裂示踪剂识别方法

多段压裂在致密油气和页岩油气开发中应用广泛，但在现场实际中，压裂后形成的缝网的精细描述成为了致密油藏开发乃至其他非常规油气资源开发的难点问题，它决定了压裂后的效果评价和预测生产动态的准确性。当前为了更加精确地描述压裂施工后形成的裂缝形态，在油藏的现场实际应用中，多采用压裂示踪剂注入—返排产出浓度曲线解释技术。示踪监测技术的应用可追溯到 70 多年前，国内对该技术的应用也有一定的时间。最初该技术是用来定性分析地下水的渗流状态，如今，在国际上该技术已经成为油气田开发研究的重要手段。示踪剂测试与解释技术是一种较为先进的技术，该技术解释参数精度高、科技较为先进、理论基础扎实，对于储层参数的确定较为准确。近几年，世界上大部分地区都开始在矿场上应用示踪剂测试与解释技术，因此其相关配套的解释原理及方法也相应产生和发展成熟。同时计算机的快速发展，推动了其配套解释软件的更新，使得利用示踪剂测试和解释技术可以有效地评价地层压裂效果，确定地层裂缝形态，降低开发成本，提高措施效益。

一、压裂示踪剂返排曲线特征

1. 示踪剂种类

经过大量文献资料调研，将示踪剂大体分为以下几类。

（1）放射性同位素，如氚化氢（^3HH）、氚水（^3HHO）、氚化丁醇（$^3HC_4H_8OH$）、氚化庚烷（$^3HC_7H_{15}$）等，可用作水示踪剂、油示踪剂、气体示踪剂或油水分配示踪剂。

（2）无机盐，一些阴离子 SCN^-、NO_3^-、Br^-、I^-、Cl^-，主要用作水示踪剂。

（3）染料，主要为阴离子型染料，可提供有机阴离子，用作水示踪剂，可检测井间地层的裂缝。

（4）卤代烃，含卤素的有机化合物（一氟三氯甲烷、三氯乙烯、二溴丙烷、六氟苯等），可用作油示踪剂和气体示踪剂。气体示踪剂主要用 Freon 系列的示踪剂，这是一类含氟含氯的有机化合物（属卤代烃）。还可用六氟化硫（SF_6）作气体示踪剂，这种示踪剂除有 Freon 系列示踪剂的优点外，还具有耐温（至 500℃）的特点，特别适合在蒸汽驱中作示踪剂。

（5）醇，一些低分子醇（甲醇、乙醇、正丙醇、异丙醇、丁醇、戊醇等），多用作水示踪剂和油水分配示踪剂。

但在此次测试中，主要将示踪剂分为两类，即水溶示踪剂和油溶示踪剂。

2. 示踪剂选择标准

选择标准如下：

（1）在地层条件下稳定，如高压稳定性和高温稳定性；

（2）化学性质稳定，不与地层岩石、压裂液、地层水等发生化学反应，同时还具有生物稳定性；

（3）在低浓度情况下也易于检测性，灵敏度高；

（4）返排产出的压裂液、地层水中背景浓度低；

（5）示踪剂的吸附量低，滞留量少；

（6）来源广泛，成本低，无毒，安全环保，对测井无影响，现场实际施工时配制简单；

（7）多种示踪剂共同使用时，彼此之间无化学反应，不互相干扰；

（8）与压裂液的配伍性很好；

（9）在地层表面吸附量少。

现场示踪剂体系可根据具体油田的油水化学分析资料：离子组成、元素组成、水型、pH 值及矿化度等，选择最佳的合成体系，量身定制示踪监测剂，保证示踪剂与油藏环境的适应性，确保示踪监测剂的最强稳定性。环状有机官能团有效避免沉淀反应，适用 pH 值、矿化度范围变宽；特殊螯合官能团避免离子置换反应，减少吸附影响，确保与流体同步运动；稳定剂添加增强示踪剂的稳定性。

现场示踪剂的技术指标：

（1）地层本底浓度几乎为零，且分析灵敏度高，浓度为 10^{-9} 级别；

（2）足够的化学稳定性、热稳定性（耐温 200℃）、生物稳定性；

（3）与压裂液、地层流体配伍性好；

（4）与地层及地层矿物不发生反应，吸附少；

（5）无干扰性；

（6）无毒，安全，对环境和人员无影响。

所以本测试中示踪剂研究不考虑示踪剂的配伍性、流变性、化学稳定性、热稳定性、生物稳定性和溶解性。且不考虑地层泥质含量、金属阳离子和有机物对压裂示踪剂返排的影响。

3. 压裂示踪剂的室内优选

在进行水力压裂示踪剂注入—返排浓度分析现场试验之前，一般应该先进行示踪剂的室内优选实验，主要考虑与压裂液的配伍性因素，综合考虑示踪剂的经济安全性等。一般需要进行的实验为下面几种。

1）背景浓度实验

背景浓度实验的目的是为了在示踪剂随压裂液进行压裂施工后注入地层，水力压裂水平井施工周围区域内的流体的示踪剂的背景浓度不会对返排后示踪剂浓度的分析描述产生干扰。因此一般要先进行背景浓度实验。对施工井产出的流体和注入的流体分布进行取样分析，在实验室内分析监测各个取样流体的背景浓度，注入实验试剂，分析不同的设定的浓度下的各个取样流体的吸收值，再绘制标准的背景浓度曲线，作为示踪剂返排浓度曲线的对比分析基准。

2）静态吸附实验

将不同种类的示踪剂加入压裂液制成胶体溶剂，放入该施工井周围区域的地下取样岩心，分别在高温条件、高压条件下进行一定时间的老化实验，再分别测定示踪剂的浓度，这样就可以分析测定得到示踪剂样本的吸附参数。

3）配伍性实验

将不同种类的示踪剂与压裂液进行混合制成溶液，将混合溶液放置在与地层条件相近的实验条件下一定的时间，观察样本的沉淀状况及其他的一些物理、化学变化，分析不同样本与压裂液的配伍性。

4）其他实验

耐高温、高压实验，抗剪切性实验、流变性实验、稳定性实验等。

通过上面的各种实验，就可以分析得到压裂施工需要的示踪剂的类型。再综合考虑示踪剂应用的经济、环保、性价比等因素确定。

4. 压裂示踪剂返排浓度曲线分类

压裂示踪剂注入—返排技术是近几年在油田进行水力压裂施工作业后分析压后裂缝形态、获取裂缝参数的一种应用较广泛的工艺技术，此技术之前多用于分析压后压裂液返排情况、预测压后油井产能方面。相比于其他示踪剂解释技术，例如单井示踪剂分析储层物性、井间示踪剂技术分析井间储层连通性等，具有一定的工艺差别。结合某致密油藏试验区采用的不同压裂施工工艺对压裂层段岩石的起裂机理研究和微地震事件监测结果，进行对示踪剂返排产出浓度曲线的形态分类，为后面的物理模型和数学模型的建立奠定基础。

现场施工应用表明，示踪剂返排浓度曲线和水力压裂施工作业产生的裂缝形态有着一定的对应关系。要根据示踪剂产出曲线表征和研究压裂施工作业后地下裂缝形态，首先要明确不同压裂裂缝形态所对应的示踪剂返排浓度曲线的特点，包括峰值浓度、见示踪剂时间、峰值出现时间、曲线形态、后期见示踪剂时间等特征。目前的裂缝评价方法常为微地震方式、压裂相关软件模拟等方式。通过监测微地震数据可以大致判断地层岩石破裂位置、裂缝方位等情况，但难以准确地表征各个压裂段的裂缝形态、裂缝参数，也就导致地下压裂缝形态变得难以精确评价。目前在致密油藏开发试验区水平井应用较多的压裂工艺包括高导流能力（Hiway）压裂工艺和体积压裂工艺两种。所以，首先基于不同的致密油藏压裂工艺，从地层岩石破裂情况角度探讨不同压裂工艺所形成的裂缝模式的差异，然后结合油田现场不同压裂施工作业后的微地震监测数据，将现场示踪剂返排浓度曲线分为单峰型、多峰型和单峰抛物线型两种。

1）双翼缝所形成的示踪剂浓度曲线

高导流能力（Hiway）压裂技术最早于2011年由斯伦贝谢公司在某油藏压裂施工中试验成功，主要目标是建立起油藏到井筒的高速导流通道。

常规压裂技术是建立在以线弹性断裂力学为基础的经典理论下的技术。该技术的最大特点就是假设压裂人工裂缝起裂为张开型，且沿井筒射孔层段形成双翼对称裂缝。以1条主裂缝实现对储层渗流能力的改善，主裂缝的垂向上仍然是基质向裂缝的"长距离"渗流，最大的缺点是垂向主裂缝的渗流能力未得到改善，主流通道无法改善储层的整体渗流能力。后期的研究中尽管研究了裂缝的非平面扩展，但也仅限于多裂缝、弯曲裂缝、"T"形缝等复杂裂缝的分析与表征，但理论上未有突破。而"体积改造"依据其定义，形成的是复杂的网状裂缝系统，裂缝的起裂与扩展不简单是裂缝的张性破坏，而且还存在剪切、滑移、错断等复杂的力学行为。传统压裂方法提高裂缝导流能力主要依靠提高支撑剂的圆度和强度、降低支撑剂粉碎率和胶化载荷，这些方法都是基于提高支撑剂充填层的渗透率。而Hiway压裂方法依靠独特的支撑剂注入模式、射孔策略、特殊材料和施工设计相结合，彻底改变水力压裂技术的面貌，消除裂缝产能和支撑剂渗透率的关系，形成具有无限导流能力的油气通道。该技术采用脉冲式加砂工艺，通过泵入纤维建立起以支撑剂墩柱支撑的非连续性铺置的大通道，极大地提高了裂缝导流能力，改善了裂缝清洁程度，同时减小了支撑剂返排的可能性和水平井堵砂的风险，在高导流能力压裂技术中，油气不是在传统的支撑剂充填层中流动，而是在支撑剂支柱间的通道内流动。油气流经稳定的通道而不是支撑剂充填层，这样有效裂缝长度几乎等于裂缝半长，传导能力可以提高几个数量级，因此可以达到增产和提高油气采收率的目的。现场经验表明，高导流能力压裂技术具有见油返排率高的特点，它摆脱了压裂效果对支撑剂性能的依赖，可形成多条高导流能力裂缝，使其和常规压裂相比具有对油藏流体更高的导流能力。然而高导流能力压裂工艺压裂体积虽大，但对储层的影响较大。压裂形成的高导流能力成为压裂液返排的主要通道，因此压裂液返排量高，但基质中的油并没有机会通过充分置换而采出。高导流能力压裂基本实现了高效工厂化施工和降低单井压裂成本的目标，但是由于其压裂规模有限，产能与预期差距较大。

高导流能力压裂施工作业后产生的裂缝形态主要为一条主裂缝，示踪剂的主要渗流通道是工艺产生的高速导流能力通道，直径较大，根据微地震事件监测分析，其直径基本都在 1mm 以上。

在大裂缝为主的裂缝渗流系统中，压后的返排阶段，由于示踪剂的主要渗流通道为大裂缝，所以示踪剂快速产出，在短期内示踪剂浓度迅速升高，同时又迅速下降，表现为单峰形态，相比于微裂缝的示踪剂产出浓度曲线，大裂缝为主的示踪剂返排浓度曲线波峰更加尖锐，呈现为一种尖峰型的单峰型曲线，如图 5-7 所示。但是由于是多条大裂缝同时渗流返排，示踪剂返排结果受到多条裂缝的共同影响，所以在浓度曲线上有时也表现为多峰型，如图 5-8 所示。

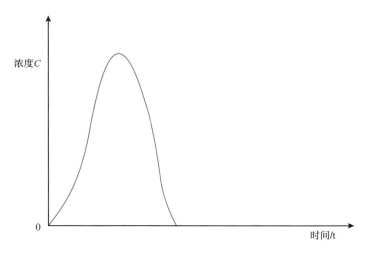

图 5-7　大裂缝为主的单峰正态型曲线

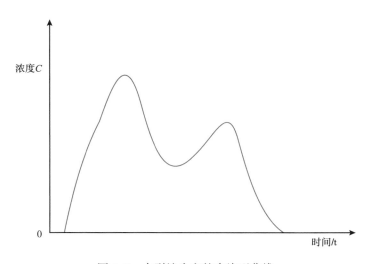

图 5-8　大裂缝为主的多峰型曲线

2）复合缝所形成的示踪剂浓度曲线

复合压裂技术也即先进行体积压裂后进行 Hiway 压裂工艺的复合式工艺。作业前期采用高排量滑溜水进行体积压裂，作业中后期进入大规模高导流能力压裂模式，通过脉冲加砂等作业方式，支撑出若干条具有超高导流能力的主裂缝通道，最后通过小段尾追常规陶粒实现近井筒附近的裂缝支撑和连接。具有高强度陶粒、大液量、大排量和大砂量的特点。这种压裂作业模式综合了体积压裂和高导流能力压裂各自的优势，既可以保证致密基质达到充分的破碎改造，又能提供具有高速导流能力的主裂缝。

复合式压裂工艺综合了体积压裂和 Hiway 压裂工艺的特点，因此，此种工艺条件下形成的裂缝主要是以大裂缝和微裂缝并存的裂缝系统，在大裂缝和微裂缝均较多的裂缝系统中，返排开始后，由于大裂缝的导流能力很高，裂缝内的示踪剂早于微裂缝产出，所以初始见示踪剂浓度迅速升高，后期开始逐渐下降，但是由于微裂缝中的示踪剂产出的补偿作用，浓度下降速度相较于图 5-7 中单峰曲线较慢，返排时间更长，整体示踪剂浓度曲线呈现为单峰抛物线型，如图 5-9 所示。

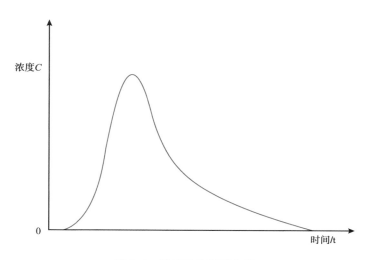

图 5-9　单峰抛物线型曲线

二、返排影响因素分析

示踪剂在裂缝中的渗流运移不仅仅受到吸附作用的影响，还同时受到水动力扩散作用和对流作用的共同影响。

1. 水动力扩散

机械弥散和分子扩散共同构成了示踪剂渗流的水动力扩散。

1）机械弥散

机械弥散又叫水力弥散，描述的是定温条件下在多孔介质中流体产生的溶质扩散效应。总体上，水流应该按某一流速进行运动。但因为裂缝、孔隙的分布不均，几何形状和大小的不一，事实上示踪剂是沿着曲折渗透途径进行运动的，渗流的局部速度在方向和大小上发生了变化，使得溶质在介质之中扩散的范围越来越大。机械弥散系数可表述多孔介质中示踪剂随水流渗流运移的特征。机械弥散系数（D_h）与水流渗流速度（v）成正比，且与多孔介质中的颗粒的分布和大小相关，即：

$$D_{h} = \lambda^2 \cdot v \qquad (5-1)$$

式中　D_h——机械弥散系数，m^2/s；

　　　λ——有关多孔介质不均匀特性的参数，$m^{0.5}$；

　　　v——水流渗流速度，m/s。

水力弥散（机械弥散）系数可分为：横向弥散（横向扩散）和沿程弥散（纵向扩散）。前者是垂直于水流渗流方向上的弥散作用，后者是水流渗流方向上的弥散作用。

（1）横向扩散。

设单相流体在平面均质地层中流动（图5-10），从 $t=0$ 时，向 A 点缓慢少量地注入一种与地层流体互溶的示踪剂。如若没有弥散现象，孔隙间无吸附，该示踪剂分子将保持从 A 到 B，从 B 到 C，从 C 到 D，这样一直以直线运动的方式运移下去，离开这条线，将不会有示踪剂分子的出现。但实际上，由于横向弥散的作用，使得示踪剂分子在渗流的过程中，不断地向两侧弥散，波及的面积随时间越来越大，而相应的浓度越来越小。

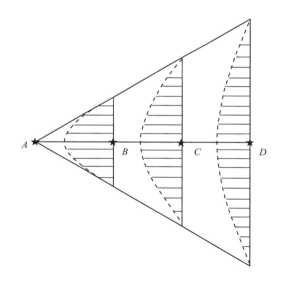

图 5-10　横向弥散示意图

（2）纵向扩散。

选取圆管模型，内有均质砂粒，开始时充满淡水。在 $t=0$ 时，用含有示踪剂的水（溶剂水与圆管内饱和水的性质相同）进行驱替，出口端的示踪剂浓度可用图5-11中的曲线表示。

如若没有弥散现象，示踪剂应按达西定律运移，曲线就会以图中虚线的形式出现，呈现台阶式的变化。但正是因为纵向弥散的存在，使得在流体运移方向上，一部分示踪剂的前进速度高于平均渗流速度，示踪剂浓度曲线呈现"S"形。

图5-11中，$C_D(t)$ 为出口端浓度与初始浓度之比；$V_D(t)$ 为注入流体的无量纲孔隙体积，即注入流体体积与总的孔隙体积的比。

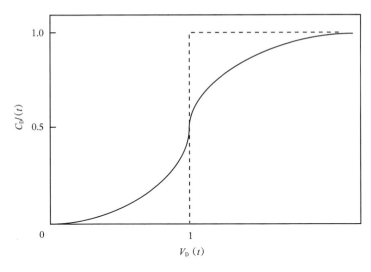

图 5-11　纵向弥散示意图

2）分子扩散

分子扩散为一种迁移现象，指的是在浓度差作用下，由在大空间中的物质分子、原子等的热运动而引起的物质运移，是一种质量传递的基本形式。

考虑到孔隙喉道的几何分布及其中流体的状态，在多孔介质之中物质的扩散可分为下面的三种情况。

（1）体积扩散。

当分子的平均自由程小于毛细管孔道直径，此时分子的运动主要表现为分子之间的碰撞时，壁面与分子的碰撞相比之下发生的概率很小，这时孔隙内所含流体的分子扩散仍可用菲克定律表述，但应对其求出的分子扩散系数加以修正，这时候的扩散系数为：

$$D_{ABp}=D_{AB}\phi/\tau \tag{5-2}$$

式中　D_{ABp}——修正后的分子扩散系数，m^2/s；

　　　D_{AB}——分子扩散系数，m^2/s；

　　　ϕ——多孔介质孔隙度；

　　　τ——曲折因子。

（2）克努森扩散。

如果毛细管径很小或压强很低时，毛细管道直径远小于气体分子平均自由程，这就使得壁面与分子之间的碰撞概率大于分子之间的碰撞概率，在这一刻，沿多孔介质的扩散阻力取决于分子与壁面的碰撞。由克努森扩散系数得出：

$$D_{kp}=0.97\times r\sqrt{\frac{T}{m_A}} \tag{5-3}$$

式中　D_{kp}——克努森分子扩散系数，m^2/s；

　　　r——毛细孔道的平均半径，cm；

　　　T——热力学温度，K；

m_A——示踪剂 A 的分子量。

（3）过渡区扩散。

在毛管孔隙中的物质运动情况在克努森扩散与体积扩散之间时的扩散，其系数可表示为：

$$D_p = \left(\frac{1}{D_{ABp}} + \frac{1}{D_{kp}} \right)^{-1} \qquad (5\text{-}4)$$

对于一般的油藏而言，用式（5-2）来描述分子扩散已然足够，对于特殊油藏可考虑采用过渡区扩散系数或克努森扩散系数。

3）水动力扩散

对于任意流体而言，任何方向上的混合效应均可看作机械弥散和分子扩散的叠加。在实际的现场测定中，直接得出示踪剂的综合扩散系数较为困难。现在常用的方法主要是实验室室内实验。通过岩心的驱替实验，在仪器的岩心末端采样进行分析，再计量示踪剂的累计排量，综合计算示踪剂的综合扩散系数。计算的数学表达式为：

$$D = \frac{1}{tV_p} \left(\frac{LU_\xi}{1.81} \right)^2 \qquad (5\text{-}5)$$

$$U_\xi = \frac{V_p - V}{\sqrt{V}} \qquad (5\text{-}6)$$

式中　D——示踪剂的综合扩散系数，m^2/s；

V_p——岩心样本的总孔隙体积，cm^3；

t——每注入 V_p 体积所用的时间，s；

L——岩心样本的长度，cm；

V——测量得出的累计示踪剂排量，m^3；

U_ξ——测得的相对浓度为 ζ 时所相对应的 U 值。

影响示踪剂综合扩散系数的因素很多，主要有示踪剂的种类、示踪剂的流速、地层的非均质性、地层胶结程度、地层渗透率、流体流速等。

对于一次现场试验而言，以上各个因素均可近似看作不变量，故通过室内的模拟实验求取的 D 应用在油藏条件下时可不用再进行修正。

实际现场运用中，常常使用扩散度 α 来计算综合扩散系数 D。在不计分子扩散的情况下，扩散系数 D 是关于水动力扩散度 α 和流动速度 v 的函数，可以表示为 $D = \alpha \cdot v$。

2. 对流作用

1）菲克定律

菲克定律是指在单位截面积 S 上、单位时间 dt 内，沿垂向上的质量流速 u 与截面处浓度梯度 $\dfrac{\partial C}{\partial x}$ 成正比，用公式表达即为：

$$u = -D \frac{\partial C}{\partial x} \qquad (5\text{-}7)$$

式中　D——扩散系数，m^2/s；

C——扩散物质的浓度，kg/m^3；

u——质量流速，$kg/(m^2 \cdot s)$。

2）三维对流扩散渗流连续性方程

取孔隙度为 ϕ 的微元正方体如图 5-12 所示，微元体正中 M 点存在有扩散物质 i，其质量流速为 u_i：

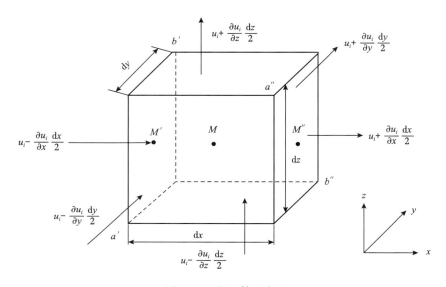

图 5-12 微元体示意图

$$u_{M'} = u_i - \frac{\partial u_i}{\partial x} \cdot \frac{dx}{2} \qquad (5-8)$$

$$u_{M''} = u_i + \frac{\partial u_i}{\partial x} \cdot \frac{dx}{2} \qquad (5-9)$$

假设在时间 dt 内，研究对象物质 i 流过平面 $a'b'$，此时可以得出 $a''b''$ 的质量流量：

$$M_{a'b'} = \left(u_i - \frac{\partial u_i}{\partial x} \cdot \frac{dx}{2} \right) \cdot \phi dy dz dt \qquad (5-10)$$

$$M_{a''b''} = \left(u_i + \frac{\partial u_i}{\partial x} \cdot \frac{dx}{2} \right) \cdot \phi dy dz dt \qquad (5-11)$$

将式（5-10）和式（5-11）相减，由研究物质 i 在 x 方向上的质量流速，此时就能得到物质 i 质量流入和流出的差值：

$$\Delta M_x = M_{a'b'} - M_{a''b''} = -\frac{\partial u_i}{\partial x} \cdot \phi dx dy dz dt \qquad (5-12)$$

同理，分别研究 y 方向上和 z 方向上物质 i 的质量流速，此时就能得到物质 i 在 y 方向上和 z 方向上质量流入和流出的差值：

$$\Delta M_y = -\frac{\partial u_i}{\partial y} \cdot \phi dx dy dz dt \qquad (5-13)$$

$$\Delta M_z = -\frac{\partial u_i}{\partial z} \cdot \phi \mathrm{d}x\mathrm{d}y\mathrm{d}z\mathrm{d}t \tag{5-14}$$

经过上述分析，将式（5-12）、式（5-13）、式（5-14）三式进行相加，即可得出在时间 dt 内研究对象内的物质 i 质量流入和流出的差值：

$$\Delta M = \Delta M_x + \Delta M_y + \Delta M_z = -\left(\frac{\partial u_i}{\partial x} + \frac{\partial u_i}{\partial y} + \frac{\partial u_i}{\partial z}\right) \cdot \phi \mathrm{d}x\mathrm{d}y\mathrm{d}z\mathrm{d}t \tag{5-15}$$

微元体中物质 i 在时间 dt 内，由于浓度变化而引起的质量变化量为：

$$\Delta M_C = \phi \frac{\partial C}{\partial t} \cdot \mathrm{d}x\mathrm{d}y\mathrm{d}z\mathrm{d}t \tag{5-16}$$

通过对比发现，在微元正方体内将物质 i 看作示踪剂粒子，此时 dt 时间内示踪剂粒子质量流入和流出的差值，即物质 i 在时间 dt 内的浓度变化量，即 $\Delta M_C = \Delta M$。

$$-\frac{\partial u_i}{\partial x} - \frac{\partial u_i}{\partial y} - \frac{\partial u_i}{\partial z} = \frac{\partial C}{\partial t} \tag{5-17}$$

同时考虑渗流速度为 v 时的对流作用引起的质量变化，式（5-17）可转化为：

$$-v_x\frac{\partial C}{\partial x} - v_y\frac{\partial C}{\partial y} - v_z\frac{\partial C}{\partial z} - \frac{\partial u_i}{\partial x} - \frac{\partial u_i}{\partial y} - \frac{\partial u_i}{\partial z} = \frac{\partial C}{\partial t} \tag{5-18}$$

式（5-18）即为示踪剂的三维对流扩散渗流连续性方程。

3）二维对流扩散渗流连续性方程

对流作用也即含有示踪剂的溶液在裂缝介质中的渗流遵循达西运动定律。让示踪剂溶液产生流动的原因在于该渗流系统的压力梯度，压力梯度的产生原因是由于示踪剂的密度差和压力差的共同作用。对流作用主要受到施工作业的影响，例如压裂液的注入流量大小、注入时间长短等因素。在整个施工作业过程中，相对渗透率、黏度、重力、界面张力等对速度有影响的参数均起到了一定的作用。

根据菲克定律，可得出二维条件下示踪剂渗流的经典的对流扩散方程为：

$$-v_x\frac{\partial C}{\partial x} - v_y\frac{\partial C}{\partial y} - \frac{\partial u_i}{\partial x} - \frac{\partial u_i}{\partial y} = \frac{\partial C}{\partial t} \tag{5-19}$$

式中　C——示踪剂浓度，μg/L；

v_x——x 方向流体的平均流动速度，m/s；

v_y——y 方向流体的平均流动速度，m/s。

4）一维对流扩散渗流方程

根据菲克定律，可得出一维条件下示踪剂渗流的经典的对流扩散方程为：

$$-v_x\frac{\partial C}{\partial x} - \frac{\partial u_i}{\partial x} = \frac{\partial C}{\partial t} \tag{5-20}$$

3. 吸附作用

随着示踪剂的分子扩散的进行，因为多孔介质有很大的比表面积，所以示踪剂的分子和岩石介质的表面颗粒产生相互作用。结果是固体表面吸附上了一层示踪剂分子，最终达到一个稳定的吸附状态，即产生一个岩石表面的吸附层。这样，吸附层上吸附剂的浓度和溶液中的扩散物质的浓度就会达到一个平衡状态。因此示踪剂在介质中的渗流,存在着吸附滞留。对于放射性示踪剂和稳定同位素示踪剂而言,因为使用该类示踪剂进行施工作业时的注入量很少,发生吸附的示踪剂量在总的示踪剂注入量中的占比较大,所以不能忽略。对于放射性示踪剂和其他施工注入量不是很大的示踪剂返排浓度曲线,就必须考虑吸附效应因素的影响。同时从物理化学角度来理解,示踪剂分子的吸附规律遵循 Langmuir 等温吸附规律。

为了更精确地表征示踪剂在裂缝中的渗流规律,引入滞留因子来描述示踪剂在裂缝中的吸附规律。

如图 5-13 所示,表示了一个压裂液流动的垂直或者水平的单位横截面流量的多孔材料圆管。具有溶解和吸附性质的浓度为 C 的示踪剂的水从圆管的左侧流入,然后开始流过圆管。经过一段时间 t 之后,压裂液运移了 L_y 的距离,但此时示踪剂已经运移了 L_c 的距离。因此,滞留因子则可以表示成:

$$R = \frac{L_y}{L_c} \tag{5-21}$$

此时,经过时间 t 后,压裂液的体积为 $L_y\theta$,θ 表示的是在多孔介质中液体与多孔介质体积的比例,当加入的压裂液充满多孔介质,则此时的 $\theta=\phi$,ϕ 为孔隙度。

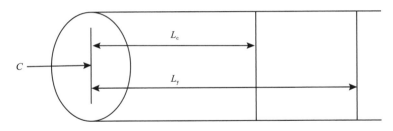

图 5-13   圆管及流动示意图

综上所述,假设示踪剂的浓度为 C,则经过时间 t 后,示踪剂在圆管内的量为 $L_y\phi C$,所有这些示踪剂都留在长为 L_c 的圆管内。因此,示踪剂在压裂液中的溶解量就可表示为 $L_c\phi C$,此时吸附量就可以用 $L_y\phi C - L_c\phi C$ 表示。

在 L_c 段的固相质量 m 可以表示如下:

$$m = (1-\phi)L_c\rho \tag{5-22}$$

式中 ρ——岩心的密度,g/cm³。

所以吸附分配系数 K_d 则可以由式(5-23)表示:

$$K_d = \frac{L_y\phi C - L_c\phi C}{C(1-\phi)L_c\rho} \tag{5-23}$$

分配系数的大小与示踪剂类型、原油性质、地层水矿化度、储层孔喉结构、油藏温度和压力等因素有关,在油藏条件下是一个变量。不同的渗透率、饱和度、温度压力条件下的分配系数是不同的。

为了方便计算,在气体示踪剂现场测试和解释过程中,人为地认为示踪剂类型和目标油藏确定后，分配系数取为定值。

转化式（5-23）则可以得到 L_y 的表达式：

$$L_y = \frac{K_d(1-\phi)L_c\rho + L_c\phi}{\phi} \tag{5-24}$$

假设示踪剂的吸附和解吸阶段是稳定的，同时假设吸附分布规律是线性的，综合式（5-21）和式（5-24），可以得到滞留因子的表达式：

$$R = 1 + \frac{K_d(1-\phi)\rho}{\phi} \tag{5-25}$$

三、压裂示踪剂返排数学模型

由于压裂工艺的不同，生成的压裂后的裂缝形态也有所不同，对于数学模型的建立，参考成熟的示踪剂返排浓度模型，根据注入阶段示踪剂的渗流方程，考虑注入阶段的示踪剂的对流、扩散和吸附的影响，结合裂缝参数，用拉普拉斯变换对数学模型进行求解，建立压裂示踪剂返排数学模型。

1. 双翼缝示踪剂返排浓度模型

1）物理模型建立

对于高导流能力压裂施工作业后产生的裂缝形态（图 5-14），主要为一条主裂缝，所以建立的物理模型如图 5-15 所示。

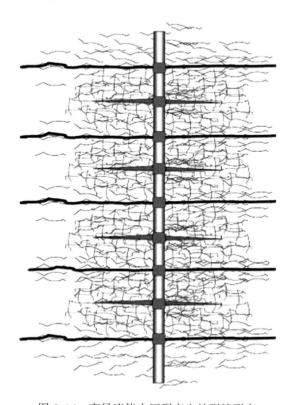

图 5-14　高导流能力压裂产生的裂缝形态

图 5-15　一条主裂缝

2）数学模型建立

根据裂缝中示踪剂和压裂液的运移特征，对压裂液、示踪剂及其在裂缝中的运动作基本假设：

（1）压裂液为连续流动的不可压缩流体；

（2）示踪剂在注入过程中类似于水，对示踪剂运动的分析就相当于对水运动的分析；

（3）示踪剂、压裂液与岩石不发生化学反应；

（4）不考虑流体重力和毛细管力的影响，在圆管中的示踪剂和压裂液的流动为流度比为 1 的活塞式驱替；

（5）流体在圆管中的渗流规律符合 Hagen-Poiseuille 方程；

（6）不考虑基质与裂缝的渗吸置换，流体仅在裂缝中流动。

假设示踪剂的流动速度为 v，由于已推导出的一维条件下的示踪剂渗流时的经典渗流方程，假设在这个渗流过程中，考虑示踪剂的对流作用和扩散作用，有：

$$D\frac{\partial^2 C}{\partial x^2} - v\frac{\partial C}{\partial x} = \frac{\partial C}{\partial t} \tag{5-26}$$

此时的边界条件和初始条件即为：

$$C(x,0) = 0 \tag{5-27}$$

$$C(0,t) = C_0 \tag{5-28}$$

$$C(\infty,t) = 0 \tag{5-29}$$

式中　C——示踪剂浓度，μg/L；

　　　C_0——示踪剂初始注入浓度，μg/L；

　　　D——扩散系数，m²/s；

　　　t——示踪剂的运移时间，s；

　　　x——示踪剂运移位置，m。

此时需要对式（5-26）进行拉普拉斯变换求解。拉普拉斯变换的表达式为（5-30）。

$$L(f) = F(p) = \int_0^\infty e^{-pt} f(t) \mathrm{d}t \tag{5-30}$$

式中　$f(t)$——原函数；

　　$F(p)$——与$f(t)$对应的象函数。

假如$f(t)$可导，导函数经过拉普拉斯变换，此时式（5-30）就包含以下性质：

$$L(f') = pF(p) - f(0) \qquad (5\text{-}31)$$

$$L(f'') = p^2 F(p) - pf(0) - f'(0) \qquad (3\text{-}32)$$

由于$L(A) = \dfrac{A}{p}$，且式中的A是一个常数。则对t进行拉普拉斯变换，此时可得：

$$L[C(x,t)] = \bar{C}(x,p) = \int_0^\infty \mathrm{e}^{-pt} C(x,t)\mathrm{d}t \qquad (5\text{-}33)$$

其中$F(p)$对应的是$\bar{C}(x,p)$。

对式（5-33）等式两边都需要进行拉普拉斯变换，此时右端项则会变化为：

$$\int_0^\infty \mathrm{e}^{-pt} \frac{C(x,t)}{\partial t}\mathrm{d}t = p\bar{C}(x,p) - C(x,0) = p\bar{C}(x,p) \qquad (5\text{-}34)$$

式（5-34）左端的第一项变换为：

$$D\int_0^\infty \mathrm{e}^{-pt} \frac{\partial^2 C(x,t)}{\partial x^2}\mathrm{d}t = D\frac{\mathrm{d}^2}{\mathrm{d}x^2}\int_0^\infty \mathrm{e}^{-pt} C(x,t)\mathrm{d}t = D\frac{\mathrm{d}^2 \bar{C}(x,p)}{\mathrm{d}x^2} \qquad (5\text{-}35)$$

式（5-34）左端的第二项变换为：

$$v\int_0^\infty \mathrm{e}^{-pt} \frac{\partial C(x,t)}{\partial x}\mathrm{d}t = v\frac{\mathrm{d}}{\mathrm{d}x}\int_0^\infty \mathrm{e}^{-pt} C(x,t)\mathrm{d}t = v\frac{\mathrm{d}\bar{C}(x,p)}{\mathrm{d}x} \qquad (5\text{-}36)$$

上面的数学方程的两端对t作拉普拉斯变换后，则可以得到：

$$D\frac{\mathrm{d}^2 \bar{C}}{\mathrm{d}x^2} - v\frac{\mathrm{d}\bar{C}}{\mathrm{d}x} = p\bar{C} \qquad (5\text{-}37)$$

将边界条件进行相应地变换，有：

$$\bar{C}(0,p) = \frac{C_0}{p} \qquad (5\text{-}38)$$

$$\bar{C}(\infty,p) = 0 \qquad (5\text{-}39)$$

式中　$\bar{C}(x,p)$——x的函数；

　　p——参变量。

综上所述，经过一系列的拉普拉斯变换进行求解，即可将对t的拉普拉斯变换转化为常见的常微分方程求定解。此时的常微分方程为：

$$D\frac{\mathrm{d}^2 \bar{C}}{\mathrm{d}x^2} - v\frac{\mathrm{d}\bar{C}}{\mathrm{d}x} - p\bar{C} = 0 \qquad (5\text{-}40)$$

通过上述转化，原式就变成了一个二阶齐次线性方程，对此方程求解，发现它的特征方程见式（5-41）。

$$D\mu^2 - v\mu - p = 0 \qquad (5\text{-}41)$$

方程有着两个不同的实根，常微分方程的通解可以表示成：

$$\bar{C}(x,p) = A(p)e^{\mu_1 x} + B(p)e^{\mu_2 x} \tag{5-42}$$

代入相应的结果，可以得到：

$$\bar{C}(x,p) = A(p)\exp\left(\frac{vx}{2D} + x\sqrt{\frac{v}{4D^2} + \frac{p}{D}}\right) + B(p)\exp\left(\frac{vx}{2D} - x\sqrt{\frac{v^2}{4D^2} + \frac{p}{D}}\right) \tag{5-43}$$

其中的系数 A 和 B 可以根据边界条件来确定。

由外边界条件可以得到：

$$Ae^{\mu_1 \infty} + Be^{\mu_2 \infty} = 0 \tag{5-44}$$

对式（5-44）进行求解发现 $A=0$。在通解中代入内边界条件，即可得出：

$$\frac{C_0}{p} = Be^{\mu_2 0} = B \tag{5-45}$$

即可得：

$$\bar{C}(x,p) = \frac{C_0}{p}\exp\left(\frac{vx}{2D} - x\sqrt{\frac{v^2}{4D^2} + \frac{p}{D}}\right) \tag{5-46}$$

$$C(x,t) = C_0 \exp\left(\frac{vx}{2D}\right) L^{-1}\left[\frac{1}{p}\exp\left(-x\sqrt{\frac{v}{4D^2} + \frac{p}{D}}\right)\right] \tag{5-47}$$

即可得：

$$L^{-1}\left[\frac{1}{p}\exp\left(-a\sqrt{b^2 + p}\right)\right] = \frac{e^{-ab}}{2}\mathrm{erfc}\left(\frac{a - 2bt}{2\sqrt{t}}\right) + \frac{e^{ab}}{2}\mathrm{erfc}\left(\frac{a + 2bt}{2\sqrt{t}}\right) \tag{5-48}$$

$$C(x,t) = \frac{C_0}{2}\left[\mathrm{erfc}\left(\frac{x - vt}{2\sqrt{Dt}}\right) + \exp\left(\frac{vx}{D}\right)\mathrm{erfc}\left(\frac{x + vt}{2\sqrt{Dt}}\right)\right] \tag{5-49}$$

式（5-49）为上述方程的定解问题的解析解。

在单一主裂缝中，在 x 较大时指数函数趋近于 0，则式（5-49）中的方括号内的第二项则可以忽略不计，所以简化为：

$$C(x,t) = \frac{C_0}{2}\mathrm{erfc}\left(\frac{x - vt}{2\sqrt{Dt}}\right) \tag{5-50}$$

$\mathrm{erfc}(m)$ 是一个互补误差函数，其表达式为：

$$\mathrm{erfc}(m) = 1 - \mathrm{erf}(m) = \frac{2}{\sqrt{\pi}}\int_x^\infty e^{-\eta^2}\mathrm{d}\eta \tag{5-51}$$

式中　$\mathrm{erfc}(m)$——误差函数。

其中 Δx 非常小，所以在此处将无限小示踪剂段 Δx 看作一个研究点，示踪剂段在任意处的浓度表达式为：

$$\frac{C}{C_0} = \frac{1}{2}\mathrm{erfc}\left(\frac{x - vt - \Delta x}{2\sqrt{Dt}}\right) - \frac{1}{2}\mathrm{erfc}\left(\frac{x - vt}{2\sqrt{Dt}}\right) \tag{5-52}$$

对式（5-52）两端进行微分：

$$\frac{C}{C_0}\frac{1}{\mathrm{d}x} = -\frac{1}{\sqrt{\pi}}\exp\left[-\left(\frac{x-vt-\Delta x}{2\sqrt{Dt}}\right)^2\right]\frac{1}{2\sqrt{Dt}} + \frac{1}{\sqrt{\pi}}\exp\left[-\left(\frac{x-vt}{2\sqrt{Dt}}\right)^2\right]\frac{1}{2\sqrt{Dt}} \quad （5-53）$$

化简得：

$$\frac{C}{C_0} = \frac{\Delta x}{\sqrt{4\pi Dt}}\exp\left[\frac{-(x-vt)^2}{4Dt}\right]\left[1-\exp\left(\frac{-\Delta x^2}{4Dt}+\frac{x-vt}{2Dt}\Delta x\right)\right] \quad （5-54）$$

对于整个 x 来说，Δx 比较小，因此可以将式（5-54）化简得到单一主裂缝中示踪剂浓度分布的数学模型：

$$\frac{C}{C_0} = \frac{\Delta x}{\sqrt{4\pi Dt}}\exp\left[\frac{-(x-vt)^2}{4Dt}\right] \quad （5-55）$$

由于示踪剂在裂缝中渗流时存在吸附作用，所以需要考虑滞留因子 R 的影响，将 R 代入原示踪剂的一维渗流数学方程中，可得到式（5-56）：

$$D\frac{\partial^2 C}{\partial x^2} - v\frac{\partial C}{\partial x} = R\frac{\partial C}{\partial t} \quad （5-56）$$

同理，将式（5-56）经过拉普拉斯变换，即可得到示踪剂在注入时，浓度曲线变化的方程：

$$\frac{C}{C_0} = \frac{\Delta x}{\sqrt{4\pi DRt}}\exp\left[\frac{-(Rx-vt)^2}{4DRt}\right] \quad （5-57）$$

对式（5-57）进行分析研究发现，在只有一条主裂缝的压裂层段，示踪剂无量纲浓度 C/C_0 在运移距离上呈正态分布，对称轴为直线 $x=vt/R$，如图 5-16 所示。

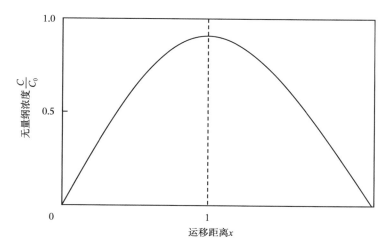

图 5-16　t 时刻示踪剂浓度随运移距离的变化曲线

在示踪剂注入阶段结束后，根据现场压裂施工工艺，未加入示踪剂的压裂液将会继续注入，推动示踪剂段塞继续流动。运用叠加原理，可以得出顶替阶段的示踪剂浓度，表示为：

$$C(x,t) = \frac{S}{\sqrt{4\pi DRt}} \exp\left[\frac{-(Rx-vt)^2}{4DRt}\right] \tag{5-58}$$

平面源强度 S 则表示为：

$$S = C_0 vt \tag{5-59}$$

结合式（5-59），则可以得出压裂液顶替阶段示踪剂在裂缝中运移的浓度的数学表达式，则有：

$$C(x,t) = \frac{C_0 vt'}{\sqrt{4\pi DRt}} \exp\left[\frac{-(Rx-vt)^2}{4DRt}\right] \tag{5-60}$$

式中 t'——示踪剂的注入时间及关井时间，s。

返排阶段开始后，示踪剂的运移方向将和注入阶段的方向相反。为了求解在示踪剂返排阶段的浓度，假设注入阶段仍然在持续，假定示踪剂的流动方向仍然为远离井筒方向。可以将示踪剂的注入和返排阶段类比于"一注一采"的井间示踪剂渗流模式，所以可以得出"假定返排产出点"的位置在 $x=2v_it_i/R$ 处。因此示踪剂返排阶段的示踪剂浓度可以由式（5-61）表示：

$$\begin{aligned}\frac{C}{C_0} &= \frac{v_i t'}{\sqrt{4\pi DR(t_i+t_f)}} \exp\left[-\frac{(R2v_it_i/R - v_it_i - v_ft_f)^2}{4DR(t_i+t_f)}\right] \\ &= \frac{v_i t'}{\sqrt{4\pi DRt}} \exp\left[-\frac{(v_it_i - v_ft_f)^2}{4DRt}\right]\end{aligned} \tag{5-61}$$

式中 t_i+t_f——整个注入和返排的时间，s；

t_i——注入阶段的时间，s；

t_f——返排阶段的时间，s；

v_i——注入阶段的速率，m/s；

v_f——返排阶段的速率，m/s。

式（5-61）即表示为单一裂缝中示踪剂返排浓度模型的数学表达式。

在压裂过程中，压开的裂缝不止一条，假如压开 n 条裂缝，则对裂缝中第 i 条裂缝进行研究，发现示踪剂返排浓度表达式为：

$$C_i = \frac{C_0 v_i t'}{\sqrt{4\pi DR(t_i+t_f)}} \exp\left[-\frac{(v_it_i - v_ft_f)^2}{4DR(t_i+t_f)}\right] \tag{5-62}$$

示踪剂段的长度为：

$$v_i t' = \frac{4V}{n\pi b^2} \tag{5-63}$$

式中 V——示踪剂总注入量，m³；

b——裂缝的当量直径，μm。

又因为：

$$Q = nq = 4nv\pi b^2 \qquad (5\text{-}64)$$

式中　Q——示踪剂总流量，m^3/s；

　　　q——单条裂缝中示踪剂流量，m^3/s。

即得：

$$v = \frac{Q}{nA} = \frac{4Q}{n\pi b^2} \qquad (5\text{-}65)$$

则可得注入速率：

$$v_i = \frac{4Q_i}{n\pi b^2} \qquad (5\text{-}66)$$

返排速率：

$$v_f = \frac{4Q_f}{n\pi b^2} \qquad (5\text{-}67)$$

将式（5-66）和式（5-67）联立代入式（5-62），可得到：

$$\frac{C_i}{C_0} = \frac{V}{\pi\sqrt{R\alpha nb^2\left(Q_it_i + Q_ft_f\right)}}\exp\left[-\frac{\left(Q_it_i - Q_ft_f\right)^2}{R\alpha nb^2\pi\left(Q_it_i + Q_ft_f\right)}\right] \qquad (5\text{-}68)$$

根据达西定律和 Hagen-Poiseuille 公式：

$$q = \frac{KA\Delta p}{\mu l} \qquad (5\text{-}69)$$

$$q = \frac{\pi b^4 \Delta p}{128\mu l} \qquad (5\text{-}70)$$

$$q = \frac{s^3 h \Delta p}{12\mu l} \qquad (5\text{-}71)$$

式中　α——水动力扩散度，m；

　　　A——渗流截面积，m^2；

　　　Δp——渗流两端压差，MPa；

　　　μ——流体黏度，$mPa\cdot s$；

　　　s——裂缝开度，m；

　　　h——裂缝高度，m；

　　　l——裂缝长度，m。

假如压裂液在裂缝中的渗流遵循达西定律，则可得到单一裂缝中渗透率 K 与裂缝当量直径 b 的关系：

$$K = \frac{b^2}{32} = \frac{s^2}{12} \qquad (5\text{-}72)$$

因此裂缝带的平均渗透率 K_m 和 n 个相并联的裂缝的渗透率 K_n 之间的关系为：

$$q = \frac{K_m A \Delta p}{\mu l} \qquad (5\text{-}73)$$

$$Q = \frac{K_n n A \Delta p}{\mu l} \qquad (5\text{-}74)$$

考虑式（5-70）、式（5-71）、式（5-73）和式（5-74），则有：

$$K_m = K_n = \frac{b^2}{32} = \frac{s^2}{12} \qquad (5\text{-}75)$$

所以，利用裂缝的当量直径 b 可以求出裂缝渗透率 K_n。

通过上述分析，将式（5-68）进行改写，即可得到关于 K_n 的示踪剂返排浓度数学模型。

$$\frac{C_i}{C_0} = \frac{V}{\pi \sqrt{32 R \alpha n K_n (Q_i t_i + Q_f t_f)}} \exp\left[-\frac{(Q_i t_i - Q_f t_f)^2}{32 R \alpha n K_n \pi (Q_i t_i + Q_f t_f)} \right] \qquad (5\text{-}76)$$

但是在实际情况中，裂缝并不像均匀的圆管一样，往往是比较粗糙的，所以需要了解实际裂缝和等效圆管之间的差异。因为裂缝存在迂曲度，为了更精确地描述裂缝，假设示踪剂在裂缝中渗流时遵循匀速层流流动定律，且压裂液不可压缩，在此基础上建立 x 方向上的运动方程为：

$$\Delta p h \mathrm{d}z + \frac{\partial \tau_x}{\partial z} h l \tau \mathrm{d}z = 0 \qquad (5\text{-}77)$$

$$\tau_x = \mu \frac{\mathrm{d}v_x}{\mathrm{d}z} \qquad (5\text{-}78)$$

可以推导得出：

$$v_x = \frac{\Delta p}{2\mu l \tau} z(s - z) \qquad (5\text{-}79)$$

则：

$$Q = \int_0^s v_x h \mathrm{d}z = \frac{s^3 h \Delta p}{12 \mu l \tau} \qquad (5\text{-}80)$$

式中　Q——流量，$\mathrm{m^3/s}$；

　　　　τ——裂缝的迂曲度；

　　　　z——z 方向的位置，m；

　　　　τ_x——x 方向的剪切力，N；

　　　　v_x——x 方向上的流动速度，m/s。

但为了简化模型，在此将裂缝看作一根圆管，且流体在裂缝中渗流时都需要遵循 Hagen-Poiseuille 公式，而且在渗流过程中，流体的体积和流量不发生变化，即：

$$Q = \frac{\pi b^4 \Delta p}{128 \mu l \tau} = \frac{s^3 h \Delta p}{12 \mu l \tau} \qquad (5\text{-}81)$$

$$nshl = n\pi b^2 l \tag{5-82}$$

即可得：

$$b^2 = \frac{8}{3}s^2 \tag{5-83}$$

式中　s——裂缝开度，mm。

通过上述分析，将式（5-76）进行改写，即可得到关于 s 的示踪剂返排浓度数学模型。

$$\frac{C_i}{C_0} = \frac{V}{\pi\sqrt{\frac{8}{3}R\alpha ns^2\left(Q_it_i + Q_ft_f\right)}}\exp\left[-\frac{\left(Q_it_i - Q_ft_f\right)^2}{\frac{8}{3}R\alpha ns^2\pi\left(Q_it_i + Q_ft_f\right)}\right] \tag{5-84}$$

2. 复合缝示踪剂返排浓度模型

1）物理模型建立

体积压裂工艺压裂后储层产生的裂缝为主裂缝＋分支裂缝（图 5-17），所以建立的物理模型如图 5-18 所示。

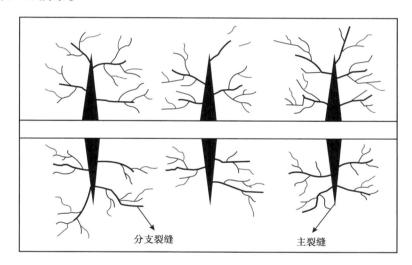

图 5-17　复合压裂产生的裂缝形态

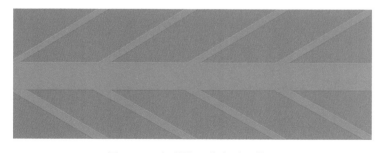

图 5-18　主裂缝＋分支裂缝模型

2）数学模型建立

依靠拉普拉斯变换分析，得到注入阶段的示踪剂无量纲浓度方程：

$$\frac{C}{C_0} = \frac{\Delta x}{\sqrt{4\pi DRt}} \exp\left[\frac{-(Rx - v_i t)^2}{4DRt}\right] \quad (5\text{-}85)$$

由式（5-85）可以看出，在主裂缝 + 分支裂缝中，示踪剂的无量纲浓度 C/C_0 随时间变化的曲线如图 5-19 所示。

根据本节所介绍的模拟"一采一注"模式，将单井示踪剂的注入与返排阶段看作是两口井"一采一注"，此时示踪剂渗流就可类比于井间示踪剂的渗流。因此人为地假定返排产出点为无穷远处，顶点在 t_{peak} 处。此时示踪剂返排阶段的浓度变化数学方程见式（5-86）。

$$\frac{C}{C_0} = \frac{\Delta x}{\sqrt{4\pi DRt}} \exp\left[\frac{-(Rx - v_i t)^2}{4DRt}\right] + \frac{v_i t'}{\sqrt{4\pi DR(t + t_{\text{peak}})}} \quad (5\text{-}86)$$

式中　t_{peak}——返排阶段示踪剂浓度最高的时间，s。

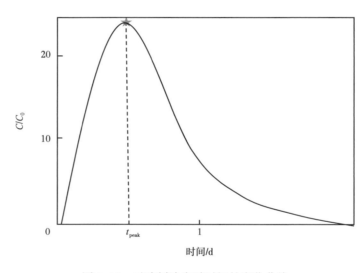

图 5-19　示踪剂浓度随时间的变化曲线

因为：

$$v_i = \frac{v_f t_{\text{peak}}}{t_i} \quad (5\text{-}87)$$

即式（5-87）可转化为：

$$
\begin{aligned}
C(x,t) &= \frac{\Delta x}{\sqrt{4\pi DRt}} \exp\left[\frac{-(Rx - v_i t)^2}{4DRt}\right] + \frac{t_{\text{peak}} t'}{t_i \sqrt{4\pi DR(t_i + t_{\text{peak}})}} \\
&= \frac{V}{\pi\sqrt{\frac{8}{3}R\alpha n s^2 (Q_i t_i + Q_f t_f)}} \exp\left[-\frac{(Q_i t_i - Q_f t_f)^2}{\frac{8}{3}R\alpha n s^2 \pi (Q_i t_i + Q_f t_f)}\right] + \frac{t_{\text{peak}} t'}{t_i \sqrt{4\pi DR(t_i + t_{\text{peak}})}}
\end{aligned} \quad (5\text{-}88)
$$

通过上述分析，将式（5-106）进行改写，即可得到复合裂缝中示踪剂返排浓度数学模型。

四、压裂示踪剂返排影响因素

利用 MATLAB 将已建立的示踪剂返排数学模型进行编程计算，结合前期室内实验数据和现场具体施工参数，改变压裂工艺、水动力扩散度、滞留因子、裂缝当量直径、裂缝导流能力、裂缝半长、裂缝开度和温度等影响因素，作出示踪剂无量纲浓度的变化曲线，分析各因素对示踪剂返排造成的影响。结合微地震监测结果，将本测试所作示踪剂返排浓度曲线与现场示踪剂返排浓度曲线进行拟合，判断拟合效果，证明本测试所建立的示踪剂返排数学模型对于解决实际问题的准确性和适用性。

1. 水动力扩散度影响因素

以水动力扩散度 α 为变量，结合前期室内实验数据和现场具体施工参数输入其他影响因素的数值，运用 MATLAB 软件进行编程计算，作出单一主裂缝中示踪剂浓度的变化曲线，横坐标为时间，如图 5-20 所示。

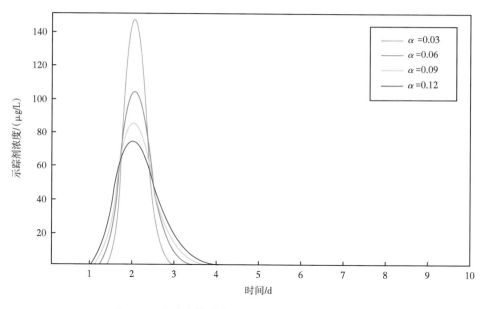

图 5-20　水动力扩散度 α 对示踪剂返排浓度的影响

由图 5-20 可以看出，随着水动力扩散度 α 增大，示踪剂的浓度的峰值减小，变化较大，坡度也变得缓慢，同时见示踪剂时间提前，返排阶段的见示踪剂时间变长。原因是随着水动力扩散度的增大，即示踪剂在裂缝中的运移过程扩散程度增大，示踪剂的浓度损失较大，从而导致返排后的示踪剂浓度的峰值降低，坡度变缓。

2. 滞留因子影响因素

以滞留因子 R 为变量，结合前期室内实验数据和现场具体施工参数输入其他影响因素的数值，运用 MATLAB 软件进行编程计算，作出单一主裂缝中示踪剂浓度的变化曲线，横坐标为时间，如图 5-21 所示。

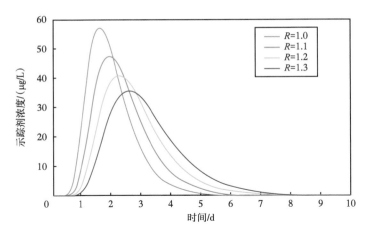

图 5-21   滞留因子 R 对示踪剂返排浓度的影响

由图 5-21 可知,随着滞留因子 R 的增大,示踪剂的浓度的峰值减小,坡度变缓,同时见示踪剂时间滞后,返排时间的见示踪剂时间变长。原因是滞留因子越大,表示相同注入量的示踪剂在地层裂缝中滞留得更多,所以峰值降低,坡度变缓。

3. 裂缝宽度影响因素

以裂缝宽度 b 为变量,结合前期室内实验数据和现场具体施工参数输入其他影响因素的数值,运用 MATLAB 软件进行编程计算,作出单一主裂缝中示踪剂浓度的变化曲线,横坐标为时间,如图 5-22 所示。

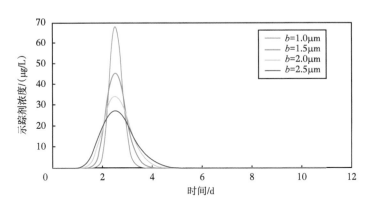

图 5-22   裂缝宽度 b 对示踪剂返排浓度的影响

如图 5-22 所示,可以看出随着裂缝宽度 b 的增加,示踪剂返排的浓度曲线向左移动,见示踪剂时间提前,同时峰值减小,坡度变缓,浓度下降速度变慢,返排阶段见示踪剂时间变长。原因是对于单裂缝带模型,圆管的当量直径变大,意味着更大的裂缝空间,在注入量不变的情况下,峰值减小,同时直径越大,也就意味着裂缝的渗透率较大,所以返排开始后,见示踪剂时间提前。

4. 裂缝导流能力影响因素

以裂缝导流能力 K_f 为变量,结合前期室内实验数据和现场具体施工参数输入其他影响因素的数值，运用 MATLAB 软件进行编程计算，作出单一主裂缝中示踪剂浓度的变化曲线，横坐标为时间，如图 5-23 所示。

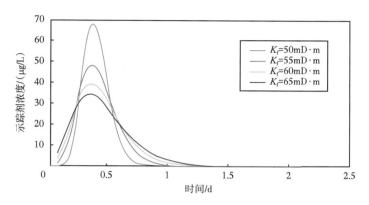

图 5-23　裂缝导流能力 K_f 对示踪剂返排浓度的影响

同理，裂缝导流能力与圆管当量直径呈正相关关系，所以，示踪剂返排的浓度曲线的趋势也保持一致，其中的原因也和圆管当量直径对浓度曲线的影响一样。

5. 裂缝半长影响因素

以裂缝半长 l 为变量，结合前期室内实验数据和现场具体施工参数输入其他影响因素的数值，运用 MATLAB 软件进行编程计算，作出单一主裂缝中示踪剂浓度的变化曲线，横坐标为时间，如图 5-24 所示。

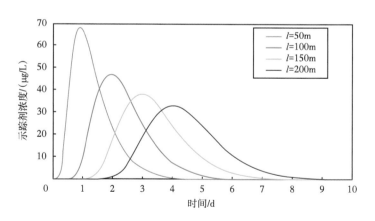

图 5-24　裂缝半长 l 对示踪剂返排浓度的影响

由图 5-24 可以看出，随着裂缝半长 l 增大，示踪剂的浓度的峰值减小，变化较大，坡度也变得缓慢，同时见示踪剂时间滞后，返排阶段的见示踪剂时间变长。原因是随着裂缝半长的增大，相同注入量的示踪剂进入裂缝后，示踪剂在裂缝中的运移过程变长，从而导致返排后的示踪剂浓度的峰值降低，坡度变缓，且见剂时间滞后。

6. 裂缝开度影响因素

以裂缝开度 s 为变量，结合前期室内实验数据和现场具体施工参数输入其他影响因素的数值，运用 MATLAB 软件进行编程计算，作出单一主裂缝中示踪剂浓度的变化曲线，横坐标为时间，如图 5-25 所示。

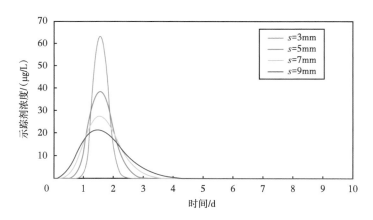

图 5-25　裂缝开度 s 对示踪剂返排浓度的影响

同理，裂缝开度与圆管当量直径呈正相关关系，所以，示踪剂返排的浓度曲线的趋势也保持一致，其中的原因也和圆管当量直径对浓度曲线的影响一样。

7. 注入速度与返排速度差异影响因素

以注入速度 v_i 与返排速度 v_f 是否相等为变量，结合前期室内实验数据和现场具体施工参数输入其他影响因素的数值，运用 MATLAB 软件进行编程计算，作出单一主裂缝中示踪剂浓度的变化曲线，横坐标为时间，如图 5-26 所示。

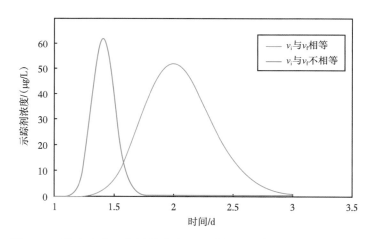

图 5-26　注入速度 v_i 与返排速度 v_f 差异性对示踪剂返排浓度的影响

如图 5-26 所示，注入速度 v_i 和返排速度 v_f 的不同明显地影响着返排阶段的示踪剂浓度曲线趋势。当注入速度 v_i 和返排速度 v_f 相等时，曲线趋势呈较为明显的对称状。注入速度和返排速度差异较大时，曲线不对称，且呈明显的长尾状。

五、反演拟合识别裂缝

根据示踪剂返排规律，结合高斯函数曲线的物理特征，建立了"高斯拟合＋理论方程反演"的示踪剂返排浓度曲线解释方法，将现场定性判断的裂缝形态定量地描述出来，对压后缝网的裂缝半长、裂缝宽度、裂缝导流能力等裂缝参数进行精细描述。

1. 高斯拟合

（1）对现场示踪剂返排监测结果进行分析，绘制示踪剂返排浓度曲线。

（2）利用 MATLAB 进行编程，建立高斯曲线回归方程，采用优化算法，对现场示踪剂浓度监测曲线进行高斯拟合，得到拟合后的示踪剂返排曲线方程，并用误差平方和、确定系数、调整后的确定系数、均方根误差这四个参数判断拟合效果。

描述回归方程与实测数据间拟合效果的参数如下所示。

①误差平方和（SSE）。

该参数指的是拟合后数据的回归值与原始数据的误差平方和，此时误差平方和的计算公式为：

$$SSE = \sum_{i=1}^{n} (y_i - \hat{y}_i)^2 \qquad (5-89)$$

式中　n——样本数；

　　　y_i——第 i 个样本的参数值；

　　　$\hat{y}_i$——第 i 个样本的参数拟合值。

SSE 越小说明模型选择和拟合得更好。

②确定系数（R_{square}）。

该参数是由两部分决定的，一部分指的是 SSR，另一部分指的是 SST。

$$SSR = \sum_{i=1}^{n} (\hat{y}_i - \overline{y})^2 \qquad (5-90)$$

$$SST = \sum_{i=1}^{n} (y_i - \overline{y})^2 \qquad (5-91)$$

式中　$\overline{y}$——样本数值均值。

则 SST = SSE + SSR，确定系数定义为 SSR 和 SST 的比值，即

$$R_{square} = \frac{SSR}{SST} = \frac{SST - SSE}{SST} = 1 - \frac{SSE}{SST} \qquad (5-92)$$

通过研究发现，确定系数的取值范围是 [0，1]，而且确定系数越接近 1，表示拟合效果更好。

③调整后的确定系数（Adjusted R_{square}）。

调整后的确定系数指的是由于变量个数的增加而使得拟合结果发生变化，用此参数来表征拟合效果，计算公式为：

$$Adjusted\ R_{square} = 1 - (1 - R^2) \frac{(n-1)}{(n-k)} \qquad (5-93)$$

式中　R_{square}——确定系数；

　　　k——变量个数，一般 $k=2$。

通过研究发现，调整后的确定系数越接近 1，表示拟合效果更好。

④均方根误差（RMSE）。

均方根误差指的是预测的数据与原始数据差值的平方和的均值的平方根，计算公式为：

$$\text{RMSE} = \sqrt{\frac{\text{SSE}}{n}} = \sqrt{\frac{1}{n}\sum_{i=1}^{n}\left(y_i - \hat{y}\right)^2} \tag{5-94}$$

RMSE 越小说明模型选择和拟合得更好。

（3）分析拟合后的示踪剂返排曲线，根据峰的个数判断裂缝个数，大致判断地层裂缝形态，正态分布的平缓单峰曲线对应的裂缝为微裂缝；正态分布的尖峰曲线对应的裂缝为一条高导流通道，周围的微裂缝可忽略不计；抛物线型曲线对应的裂缝为一条高导流通道，且伴有分支裂缝存在，即为复合型裂缝。

（4）根据拟合后的示踪剂返排曲线方程，判断每个峰对应的高斯分布和高斯方程，为后续对各个裂缝进行理论方程拟合提供基础。

2. 理论方程反演

（1）对高斯拟合后每个裂缝对应的示踪剂返排曲线高斯方程分别进行分析。

高斯分布对应的方程为：

$$f\left(x\right) = \frac{1}{\sqrt{2\pi}\sigma}\mathrm{e}^{-\frac{(x-\mu)^2}{2\sigma^2}} + m \tag{5-95}$$

式中　μ——均值；

　　　σ——方差；

　　　m——校正值。

正态分布以 $x = \mu$ 为对称轴，左右完全对称。

其中 σ 表示数据的离散程度，σ 越大，数据呈现出更加分散的特征，σ 越小，数据呈现出更加集中的特征。随着 σ 的增大，高斯分布曲线越扁平，反之越瘦高。

①对于高导流裂缝来说，压裂示踪剂返排浓度曲线方程如下所示：

$$\frac{C}{C_0} = \frac{\Delta x}{\sqrt{4\pi DRt}}\exp\left[\frac{-\left(Rx - v_i t\right)^2}{4DRt}\right] \tag{5-96}$$

将式（5-116）进行化简：

$$C = \frac{\dfrac{C_0\Delta x}{R}}{\sqrt{2\pi}\left(\sqrt{\dfrac{2Dt}{R}}\right)}\exp\left[\frac{-\left(x - \dfrac{v_i t}{R}\right)^2}{2\left(\sqrt{\dfrac{2Dt}{R}}\right)^2}\right] \tag{5-97}$$

对比式（5-95）和式（5-97）可得对比项：$a = \dfrac{C_0\Delta x}{R}$，$\sigma = \sqrt{\dfrac{2Dt}{R}}$，$\mu = \dfrac{v_i t}{R}$。

②对于复合裂缝来说，压裂示踪剂返排浓度曲线方程如下所示：

$$\frac{C}{C_0} = \frac{\Delta x}{\sqrt{4\pi DRt}}\exp\left[\frac{-\left(Rx - v_i t\right)^2}{4DRt}\right] + \frac{v_i t'}{\sqrt{4\pi DR\left(t + t_{\text{peak}}\right)}} \tag{5-98}$$

将式（5-98）进行化简：

$$C = \frac{\frac{C_0 \Delta x}{R}}{\sqrt{2\pi}\left(\sqrt{\frac{2Dt}{R}}\right)} \exp\left[\frac{-\left(x - \frac{v_i t}{R}\right)^2}{2\left(\sqrt{\frac{2Dt}{R}}\right)^2}\right] + \frac{C_0 v_i t'}{\sqrt{4\pi DR\left(t + t_{peak}\right)}} \quad (5\text{-}99)$$

对比式（5-95）和式（5-99）可得对比项：$a = \frac{C_0 \Delta x}{R}$，$\sigma = \sqrt{\frac{2Dt}{R}}$，$\mu = \frac{v_i t}{R}$，

$\frac{C_0 v_i t'}{\sqrt{4\pi DR\left(t + t_{peak}\right)}} = m$。

（2）将现场示踪剂注入速度 v_i、示踪剂运移时间 t、示踪剂注入浓度 C_0 代入高斯拟合和双翼缝、复合缝示踪剂返排数学模型的对比项，可得到裂缝半长、水动力扩散度和滞留因子。

（3）确定"假定返排产出点"的位置，对于高导流裂缝，对比式（5-95）和式（5-96），对于复合裂缝，对比式（5-95）和式（5-98），根据现场示踪剂注入体积 V、示踪剂注入时间 t_i、示踪剂返排时间 t_f、示踪剂注入流量 Q_i、示踪剂返排流量 Q_f，即可得到裂缝渗透率、裂缝导流能力和裂缝开度。

第三节　生产动态分析识别裂缝

经过长期的油田井场实践探索，影响裂缝性储层生产能力的重要因素之一就是裂缝发育程度。裂缝能把储层原生孔隙中的孤立状孔隙沟通起来，增加油气的渗流能力和储集空间。本节运用多种方法综合分析某油藏裂缝发育情况，形成了以动态资料为基础的低渗透油藏裂缝综合识别方法（图5-27）。

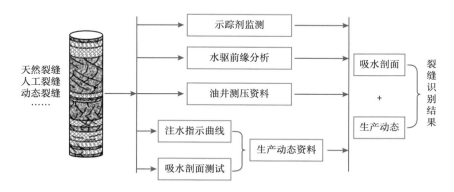

图 5-27　裂缝识别方法流程图

一、动态监测资料分析

1. 示踪剂检测法

油田开发从初期到后期，除了研究油井的产量变化情况，也应该对注入水进行深入研究。由于注入水的长期冲刷，储层物性发生变化，注入水对储层造成的影响降低了水驱油

效率。动态监测是油田开发中不可缺少的技术，井间示踪剂监测便是其中之一，该技术对制定开发方案及实施调整措施的重要性体现在它能够确定油水井对应关系、注入水的体积分配及推进速度并判断断层封闭性。

示踪剂的主要用途包括以下四点。

（1）了解注入井与油井的连通情况，从注入井中注入示踪剂段塞，周围采出井中监测其产出情况能反映出油水井砂体连通性与注入水的推进方向、波及区域等；根据示踪剂突破时间可确定注水速度；绘出示踪剂产出曲线，通过对示踪剂产出曲线的定量分析、参数拟合来判断地层参数、孔喉半径等；了解油层分层及油水井小层连通性、水层位，根据注入井周围不同油井见示踪剂时间不同，确定平面上的非均质性、水驱情况，还可以根据各油层组见示踪剂情况，判断层间与层内非均质性，得到油层非均质性参数。

（2）判断裂缝、断层、隔离带性质，不仅可定性地判断地层中高渗透条带、大孔道，而且可定量地求出高渗透条带、大孔道的有关地层参数，并且可以进一步求出孔道半径、高渗透通道体积等。

（3）定量分析高渗透通道参数，在注水井和油井之间可能存在渗透率较高的薄层、大流动孔道或特大孔道，造成注水在注水井和油井之间循环流动，大大降低水驱油效率，根据示踪剂在地层中的流动及产出情况，可以识别高渗透层及大孔道的存在。

（4）评价工艺措施效果，提供油田开发动态调整依据，为后续的开发提供指导和依据，或者作为评价前期工作的依据。根据解释的渗透率、厚度、层位、波及体积等参数，确定堵剂类型、数量，指导后期调剖堵水，单井调控，确定动态调整方向，校正地质认识，评价与预测开发效果。

某油田井区选取了 K52-199、K50-197、K48-203、K42-205 共 4 个井组进行示踪剂分析研究（图 5-28）。

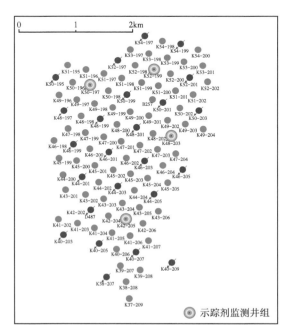

图 5-28　某井区井组监测位置图

以 K52-199 井组为例，该井组示踪剂监测自 2018 年 6 月 6 日起至 8 月 6 日结束，2 个月的时间里对周边 13 口井的示踪剂产出情况进行了跟踪监测，其中有 3 口油井（K53-198 井、K53-200 井、K53-201 井）见示踪剂，且示踪剂产出非常明显，3 口井的示踪剂突破时间在 2~4d 之间，除了 K51-200 井、K54-198 井关井外，其他 8 口井在监测时间内没有见到示踪剂产出。

前缘水线推进速度的计算，需要结合示踪剂在油井中的突破时间与油、水井井距，计算结果见表 5-1，K52-199 井组示踪剂产出动态监测响应示意图如图 5-29 所示。

表 5-1　K52-199 井组对应油井动态监测情况

注水井	对应油井	井距 /m	示踪剂突破时间 /d	示踪剂峰值时间 /d	峰值推进速度 /（m/d）
K52-199	K53-198	260	3	9	29
	K53-200	480	2	6	80
	K53-201	730	4	8	91

从表 5-1 中可以看出，K52-199 井组见到示踪剂产出的井有 3 口，且示踪剂突破时间很快，K53-200 井只有 2d，峰值推进速度为 80m/d，K53-201 井突破时间为 4d，水线推进速度为 91m/d，K53-198 井突破时间为 3d，水线推进速度为 29m/d，说明 K52-199 注水井已与 K53-200 井、K53-201 井、K53-198 井间存在高渗透带。

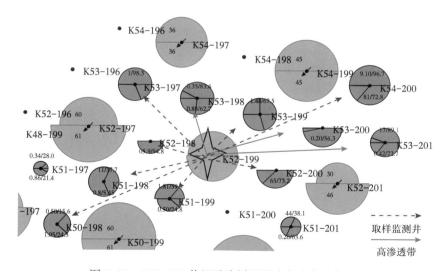

图 5-29　K52-199 井组示踪剂监测动态响应示意图

高渗透层的各项参数如渗透率、厚度、孔喉半径等，需要利用示踪剂软件分别对示踪剂实测曲线进行拟合处理计算，数值分析结果见表 5-2。反映 K52-199 注水井与 K53-200 井、K53-201 井、K53-198 井间存在近于北东向裂缝发育带，并有一定厚度，平均渗透率在 17~48mD 之间，平均厚度在 4.3~19.5cm 之间。

表 5-2　K52-199 井组示踪剂拟合结果

注水井	对应油井	高渗透吸水层	吸水层厚度 / cm	吸水层平均渗透率 / mD	孔喉半径 / μm	解释结论
K52-199	K53-198	1	10.2	17	1.56	微裂缝
	K53-200	1	19.5	29	2.17	裂缝
	K53-201	1	4.3	48	2.36	裂缝
	其他油井	未检测到有机磷酸盐				

　　对某油田井区 4 个示踪剂测试井组进行统计，发现 4 个井组均存在 1 个厚度较小的高渗透带，厚度范围在 10.2~69cm 之间，吸水层平均渗透率为 30~493mD。见示踪剂时间相对较长，解释无明显贯通裂缝。综合各项指标，表明目前地下窜流通道主要为微裂缝、高渗透条带并存。

　　从监测结果来看（图 5-30），利用示踪剂监测在研究区识别裂缝共 13 条，裂缝或高渗透通道注水走向以北东—南西方向和近东西向为主，该方向为注水主要受效方向。

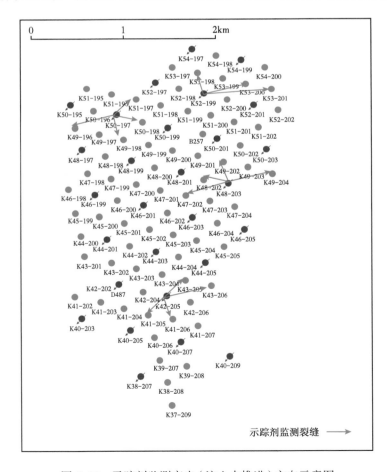

图 5-30　示踪剂监测产出（注入水推进）方向示意图

2. 水驱前缘分析

研究区的注采矛盾在长期的生产过程中逐渐突出，表现为水驱效果差等。裂缝对水驱油田的影响相对较大。生产区的水驱效果一般可以利用水驱前缘监测法来分析。电位法注水前缘监测技术是以传导类电法勘探的基本理论为依据，通过监测注入目的层的高电离能量的注水液所引起的地面电场形态的变化，来解释获得注水前缘方位、长度、形态等相关参数。水驱前缘监测系统可以了解各注水井水驱前缘展布状况、水驱主流方向、注入水波及范围以及裂缝展布状况，通过现场监测和解释，确定水驱前缘位置与注水井周围裂缝发育情况，为油田中后期调整生产、稳产提供了可靠依据。某油田井区对 7 个注水井组进行了电位法注水前缘监测，分别为：K50-199、K48-203、K48-201、K46-203、K46-201、K44-203、K38-20 井组。以 K50-199 井组为例，该井组位于工区北部，射孔层位为长 6_2^1 层，长 6_2^3 层，与周围井连通性一般。该井于 2009 年 8 月投注，2017 年 6 月 20 日，K50-199 井进行了电位法注水方向监测，监测深度为 2002~2054m。根据井地电位监测技术原理，电位数据可以指示地下异常流体的方向，显示地下流体静态分布，在注水前、注水过程中、注水后，分别进行测量能够更加深入地揭示水的动态流动方向。对应监测的油井共 5 口，分别为 K49-199 井、K49-200 井、K50-198 井、K51-198 井、K51-199 井，其受效情况见表 5-3。

表 5-3　K50-199 井组受效情况分析表

井号	井类	射孔段 /m	受效状况	解释结论
K49-199	油井	2043~2049	中内环趋势明显，外环差值无明显变化，表明趋势减弱，弱受效	微裂缝
K49-200	油井	2001~2005	不受效	—
		2017~2024		
K50-198	油井	2068~2076	不受效	—
K51-198	油井	2032~2035	趋势明显，处于主流方向，受效强	微裂缝
		2038~2041		
		2053~2059		
K51-199	油井	2012~2016	外环弱趋势，边缘	—
		2019~2027		

在监测的成果图件中（图 5-31），注水前后对比反演显示，注水后，在 0°~45°、120°~150°、210°~240°、270°~285°、330° 方位电位上升，显示为注入的清水驱替油藏；在 0°~15、60°~90°、150°~195° 方位电位值显著降低，显示为清水驱替地层水。

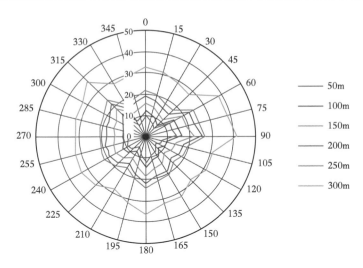

图 5-31 K50-199 井注水施工前电位分布极化图

纵向上，200~300m 测圈电位下降幅度大，分析认为是原 50~150m 范围有油藏，在注入水驱替作用下，这些油藏驱替远井范围的地层水，从而造成远井范围的电位普遍降低。50~150m 测圈近乎重叠，显示 50~150m 范围电位升降幅度基本一致，注水驱替效应明显。

综合分析认为，在 0°~15°、60°~90°、150°~195° 方位为清水驱替地层水；30°~45°、120°~150°、210°~240°、270°~285°、330° 方位为注入的清水驱替油藏。

通过对监测数据进行处理分析，得到了该井的水驱前缘监测结果，如图 5-32 所示。

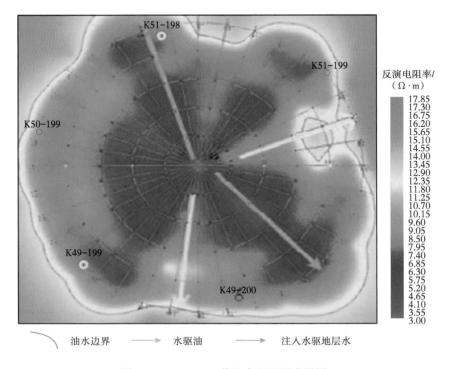

图 5-32 K50-199 井组水驱监测成果图

该井组水驱前缘主流方向明显，主优势方向为北西向，平面优势注水方位为北西15°。根据水驱前缘推进趋势进一步分析认为，K51-198井、K49-199井邻近注水见效区，且沿优势渗流区方向注水稍见效，注水诱发裂隙发育。

某油田井区共7口水驱前缘测试井，水驱前缘展布形状均不规则，注入水呈单向或双向推进。其注水受效方向多与地层最大主应力方向呈平行或共轭关系，预测可能存在的裂缝共计10条，方向主要集中在北东—南西向（图5-33）。

3. 吸水剖面分析

吸水剖面是一种油田动态监测资料，可以反映水井吸水量和水平，是指导油田开发的有效依据。储层纵向上砂体物性好坏不一，这样的非均质性是由沉积环境造成的，因此以沉积相及物性差异为指导，按照吸水剖面的形状及位置将其分为八类（图5-34）。均匀吸水的箱状发育裂缝的概率比较小，而峰状亦然。

研究区生产井含水上升快跟裂缝的影响紧密相关，由于储层裂缝发育，油藏的开采效果较差，所以利用吸水剖面资料来判断裂缝是十分必要的手段。收集到研究区29口水井78次的测试剖面，包含多次测试的46井次。在研究裂缝时，为了准确性，可以选取做过多次测试的井，通过吸水峰型变化来识别裂缝。

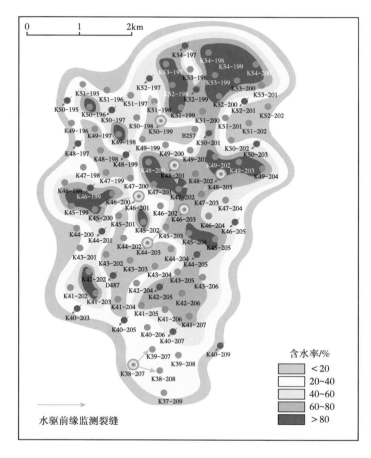

图 5-33 水驱前缘测试裂缝预测图

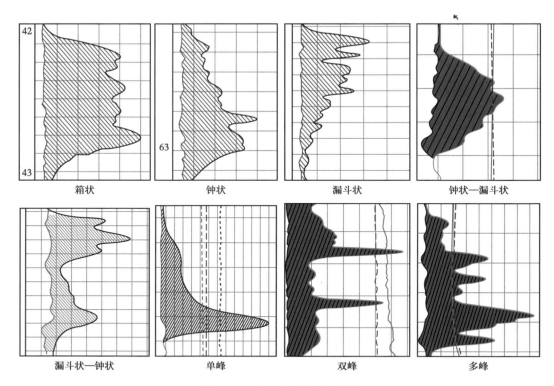

图 5-34　吸水剖面峰型分类图

　　针对两次测试吸水剖面资料统计，对 29 口井 78 井次 248 个吸水层段的峰型进行分类，其中代表均匀吸水的峰型占比较大，高达 77.2%（图 5-35），但单峰、双峰及多峰状占 20.7%，仍存在吸水不均匀层段。

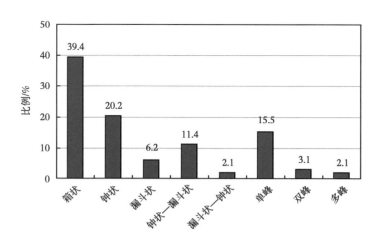

图 5-35　吸水剖面峰型统计图

　　统计分析一次测试及二次测试的峰型比例，单峰状比例由 19.7% 下降至 13.4%，说明原始储层高渗层或微裂缝较为发育，经过后期堵水调剖措施吸水趋于均匀（图 5-36）。

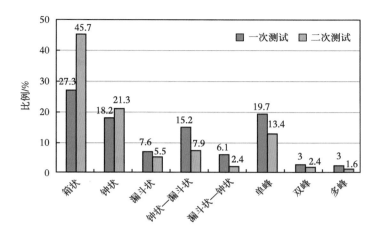

图 5-36　历次吸水剖面峰型统计图

　　以 K48-201 井为例，该井射孔层位为长 6_2^1 层、长 6_3^1 层，从吸水剖面图中可以看出，2010 年 8 月各射孔段吸水量相差较大，且吸水段为尖峰状，到 2013 年 5 月，经过 3 年的生产调整，吸水依旧没有变均匀，下部吸水量较大，上部吸水较少。2016 年 6 月 15 日各段吸水强度仍然差异较大，其中中部及下部尖峰状吸水特征明显（图 5-37）。

　　绘 K48-201 井与井组内相邻油井的栅状图（图 5-38），可以看出井组内油水井连通性较好，非均质性较弱。因此判断 K48-201 井吸水剖面中尖峰状吸水的部位是由于裂缝的原因造成的，裂缝可能是原本存在的，也有可能是长期注水导致地层压力增大新增的裂缝。

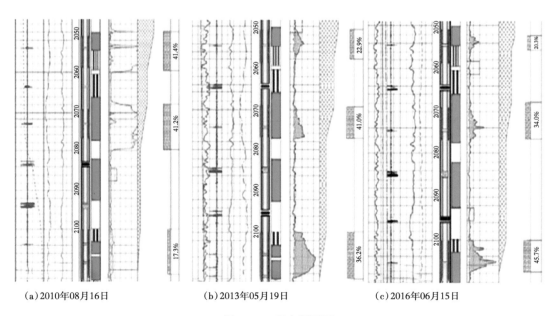

（a）2010年08月16日　　　（b）2013年05月19日　　　（c）2016年06月15日

图 5-37　吸水剖面图

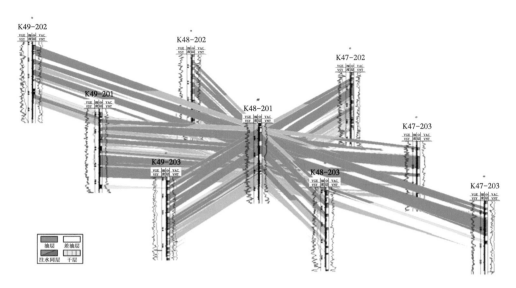

图 5-38　K48-201 井组栅状图

根据 K48-201 井 3 年的吸水剖面数据来看，K48-201 井的裂缝可能分布在长 6_3^1 层段。一个井组中若水井发育裂缝，那投产后的生产井含水率将快速升高，这种现象就表明油水井之间可能都存在裂缝并且位于同一生产层位。

通过动态分析（图 5-39）发现，K47-202 井与 K48-201 井这两口油水井连通性好，K47-202 井投产初期含水率小于 20%，投产一年后，含水率上升至 80%，后期调整措施，降低注水量，含水率有所下降，但生产半年含水率迅速上升至水淹，推断两井之间存在裂缝。

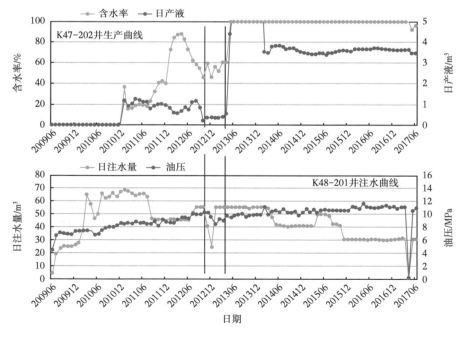

图 5-39　K48-201、K47-202 注水及生产曲线图

对某油田井区 29 口井 78 井次的吸水剖面进行分析,排除非均质性原因后,预测可能存在的裂缝或高渗透带的井共 4 口(图 5-40),后期将结合生产动态分析判断裂缝方向。

二、生产资料分析

1. 水分析

地层水的矿化度和注入水的不同,两者之间的差异是由于水型不同造成的,水型为 $CaCl_2$ 的地层水矿化度较高,注入水较低。基于两者矿化度相差较大的特点,研究油井矿化度的变化,这种变化可以如同示踪剂一样,用来判断来水方向。油井来水方向的水井注水量变化,能够使油井的矿化度发生变化,油井的主要来水方向可以根据矿化度的变化幅度判断。

某油田井区长 6 层总矿化度为 113.18g/L。通过水分析研究发现某油田区 93% 的井矿化度最大值与最小值差距较大,且值都在 50g/L 以下(图 5-41)。从平面上看,矿化度小于 50g/L 的井位于油藏中部(图 5-42),含水率普遍较高且见水类型为注入水,需结合储层连通情况及动态分析判断是否存在裂缝或高渗透带。

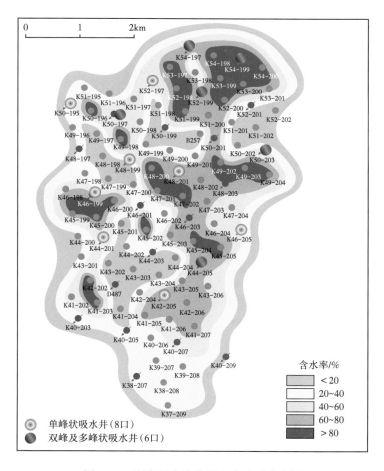

图 5-40 研究区尖峰状吸水井平面分布图

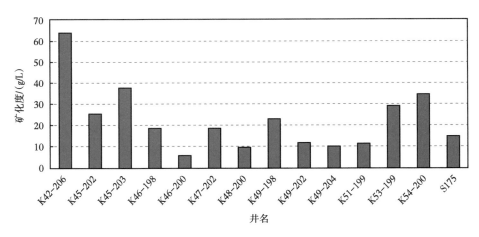

图 5-41　某油田井区矿化度测试统计图

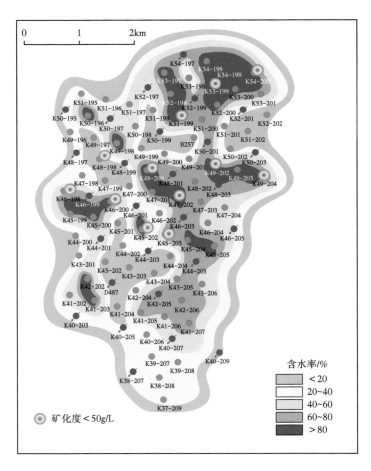

图 5-42　某油田井区矿化度测试图

2. 注水指示曲线

单位注水压差下的日注水量为吸水指数，值为日注水量与注水压差的比，注水井吸水能力的判断指标之一就是吸水指数。为了提高研究区的采收率，有必要对由于注采不平衡等原因造成含水率明显上升的井进行综合调整。

注水指示曲线可以用来分析吸水指数，绘制注水指示曲线需要以日注水量为横坐标，注水井的流压为纵坐标，曲线的形态特征和斜率变化反映了油层物性、油层吸水能力以及变化、裂缝发育等信息。

对研究区某油田井区 30 口井进行吸水指数测试，可以将研究区注水指示曲线归类为 3 种类型，分别是 Ⅰ 型、Ⅱ 型、Ⅲ 型（图 5-43）。

1）Ⅰ 型曲线为上翘式

油层性质是导致曲线上翘的因素之一。注入水在连通性差或不连通的油层中扩散速度慢，油压升高导致注水难度加大，指示曲线上翘。这种上翘式曲线就说明可能没有裂缝或裂缝还未开启，需要与其他资料一起分析得出确切的结论。

2）Ⅱ 型曲线为递增式

递增式的曲线代表地层吸水没有出现异常情况，油层吸水量与注入压力为正相关关系，储层条件好，大的裂缝对其没有影响。

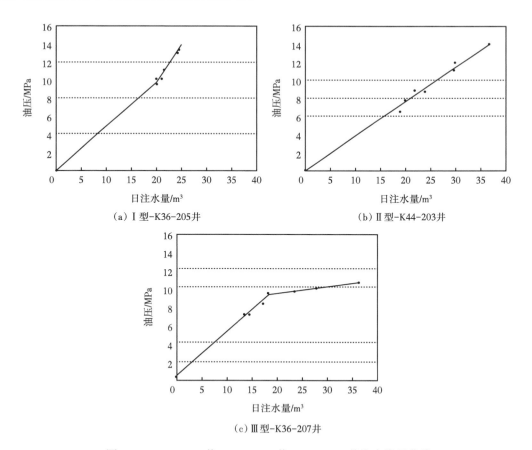

（a）Ⅰ型-K36-205井　　（b）Ⅱ型-K44-203井

（c）Ⅲ型-K36-207井

图 5-43　K36-205 井、K44-203 井、K36-207 井注水指示曲线

129

3）Ⅲ型曲线为折线式

折线式的曲线转折点处代表注入水压力达到裂缝再次张开的水平，使油层吸水量增大，吸水指数明显增加。转折型曲线说明油层可能存在裂缝。

通过对全区水井曲线研究可得：某油田井区 B487 井、K38-207 井、K46-199 井、K48-201 井共 4 口井有存在裂缝的可能性。

统计分析研究区 30 口测试井中有 4 口井为Ⅲ型折线型曲线，其中 3 口井位于中部水淹区（图 5-44），判断有存在微裂缝的可能性。

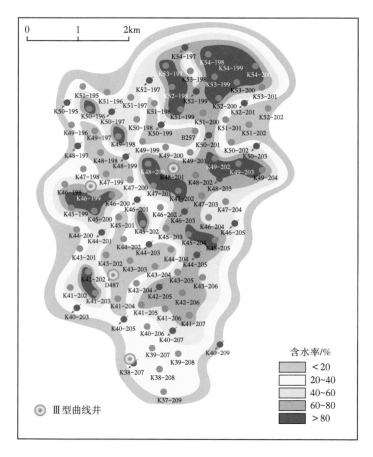

图 5-44　某油田井区Ⅲ型曲线井分布图

3. 生产动态识别

某油田井区油藏含水分布不均，局部区域含水高，但用示踪剂、水驱前缘等监测方法判断见水方向局限性较强，所以生产动态识别是判断见水方向的普遍方法，需要根据生产资料来绘制生产曲线图，根据注水井的注水量和油井含水率变化趋势之间的关系来判断见水方向。

研究区高含水井见水类型主要有三种形式，裂缝型见水、孔隙型见水及孔隙—裂缝型见水。这三种类型的见水时间与特征不同，可以通过油水井之间的动态曲线对比看出。裂缝型见水较快，半年之内见水后含水率迅速上升（图 5-45）；相较之下孔隙型较慢，见水时间在半年以上，且含水率缓慢上升（图 5-46）；孔隙—裂缝型在注水初期含水率上升缓慢，以孔隙渗流为主，生产两年之后，油水井间裂缝由于注水井地层压力升高被开启，造成油井迅速水淹（图 5-47）。

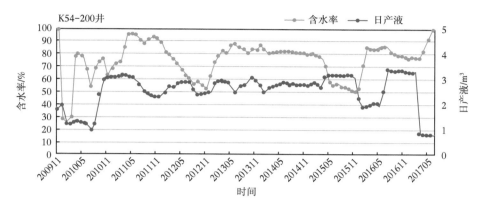

图 5-45　裂缝型见水生产曲线图

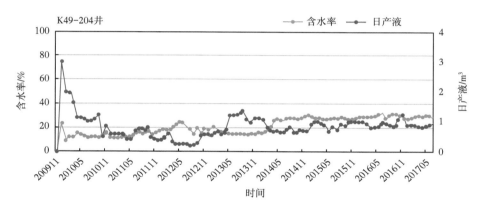

图 5-46　孔隙型见水生产曲线图

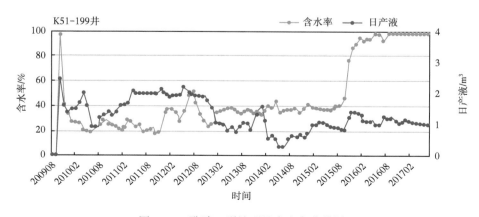

图 5-47　孔隙—裂缝型见水生产曲线图

以 K54-200 井为例（图 5-48），该油井生产层位为长 6_3^2 层，其与井组内注水井 K54-199 井油层连通性较好（图 5-49），且注采关系较为明显。

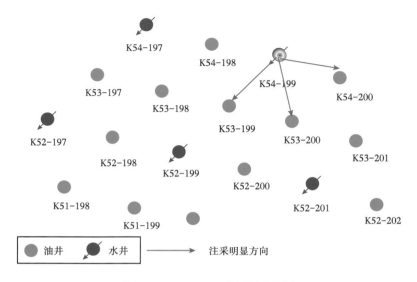

图 5-48　K54-200 井周围井位图

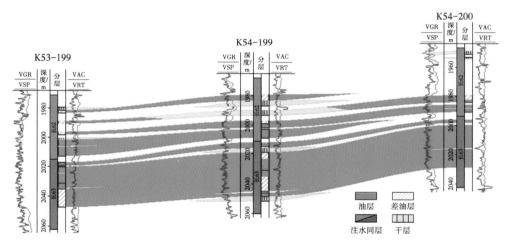

图 5-49　K53-199 井至 K54-200 井油藏剖面图

2009 年 11 月油井 K54-200 井投入生产，见效并产液量上升是在相邻水井 K54-199 井开始注水的 6 个月后，投产半年含水率达到 80%，调整措施后含水率有所下降，但在 2010 年 10 月至 2011 年 4 月时间段内，由于注水压力增大，含水率持续上升（图 5-50）；推断两井之间存在裂缝。对比井组内其他油井生产动态曲线，可以判断出 K54-199 井与 K53-199 井、K53-200 井均存在天然微裂缝。

对某油田井区全区 49 口增液不增油井、不增油不增液井及已关井与水井之间的生产动态曲线、吸水剖面综合分析，预测可能存在 12 条方向不单一的裂缝（图 5-51），主要分布在研究区中部及东北部水淹区。

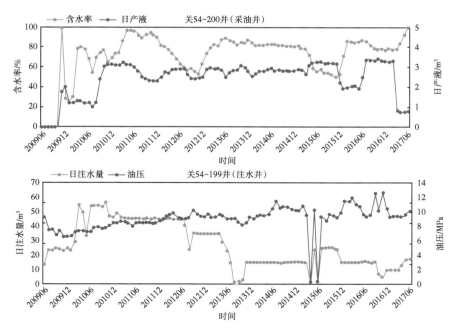

图 5-50 K54-199 井与 K54-200 井注采曲线图

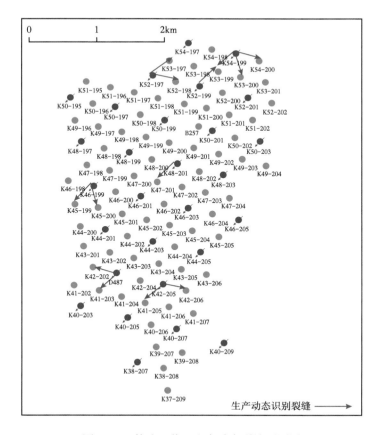

图 5-51 某油田井区生产动态裂缝预测图

三、试井解释资料分析

在注水开发油藏中，一口油井周围有多口注水井，为了提高注水效率，增加油井产量，往往采用人工压裂，改善油井井底流动条件及油层动用状况。试井分析法借助于试井模型分析压裂后的试井测试压力恢复数据，在已知储层有效厚度和有效渗透率的前提下，获得裂缝有效长度和导流能力。措施形成的人工裂缝在不稳定试井双对数曲线上表现为典型的（双）线性流特征，据此可以识别裂缝并确定裂缝半长。

以 K51-196 井为例，该井于 2017 年 2 月 20 日至 2017 年 4 月 6 日进行了压力测试，该井采用井下关井压力恢复测试工艺，选用两支 ST 型压力计下井测试，两支压力计所测曲线基本吻合，且曲线光滑，表明测试数据可靠。

分析 K51-196 井的双对数曲线（图 5-52），开始时间段内由于井储影响，压差和压导曲线没有分叉，两者之间表现为斜率为"1"的直线，井储段结束后双对数曲线出现分叉进入线性流动段，后期曲线上翘，曲线最终未出现径向流及边界反映。解释时根据其曲线特征并结合各种动静态资料，选用井储 + 表皮 + 无限导流裂缝 + 复合油藏 + 无限大边界模型解释。选用该解释模型曲线拟合较好，双对数曲线解释结果和半对数曲线外推解释结果基本一致，且双对数曲线表现为双线性流特征，据此推断裂缝半长为 2.88m。

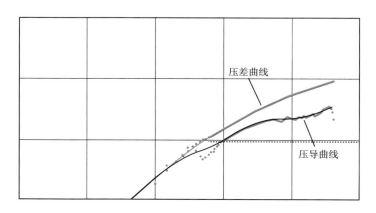

压差曲线

压导曲线

图 5-52　K51-196 井不稳定试井双对数曲线

综合分析认为，该井地层能量补充不足，井筒附近微裂缝发育，内外地层储层物性差异较大，阻碍了流体的渗流。建议提高注采比，补充地层能量以保持储层的裂缝导流能力。

分析整理某油田井区 16 口井测压解释报告，5 口井识别出人工裂缝并确定其裂缝半长（表 5-4 和图 5-53）。

表 5-4　人工压裂裂缝井解释结果汇总

序号	井号	裂缝半长 /m
1	K43-204	5.45
2	K51-196	2.88
3	K45-203	13.60

续表

序号	井号	裂缝半长 /m
4	K53-199	69.50
5	K48-199	214.00

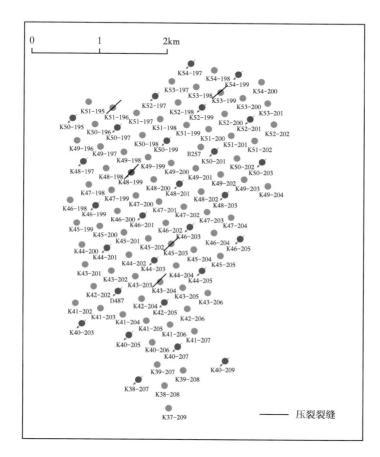

图 5-53　某油田井区人工压裂裂缝井分布示意图

示意图中不反应裂缝的实际长度

四、裂缝综合识别

单一的测试裂缝识别方法存在局限性，需要充分利用动态监测资料、生产资料、试井解释资料与多种方法结合的研究成果，对某油田井区进行裂缝综合识别，共识别出裂缝36条（图5-54）。其中，示踪剂监测法识别裂缝13条，水驱前缘分析识别裂缝10条，测压数据分析识别压裂裂缝5条，结合注水指示曲线、吸水剖面、动态分析等综合识别裂缝12条。某油田井区识别的裂缝多数集中在油藏中部及北部区域K52-199井组、K54-199井组，方向较为多样。

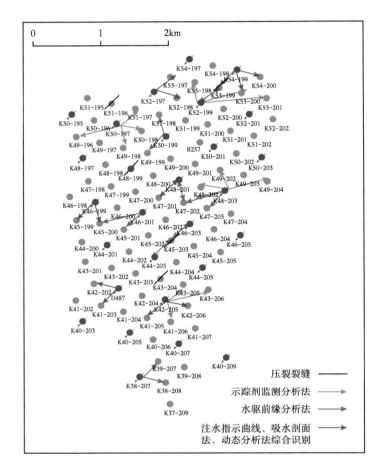

图 5-54　某油田井区裂缝综合判定成果图

第六章　蓄能压裂技术现场应用

第一节　油田概况

一、油田地理位置

Y222 区块位于东营凹陷北带东段，构造上位于济阳坳陷东营凹陷陈家庄凸起南部，西部为 Y22 砂砾岩油藏，东部为 Y227 砂砾岩油藏，均为已开发区块（图 6-1）。本区主力开发层系为沙四段 7~9 期次，埋藏深度 3700~4300m。

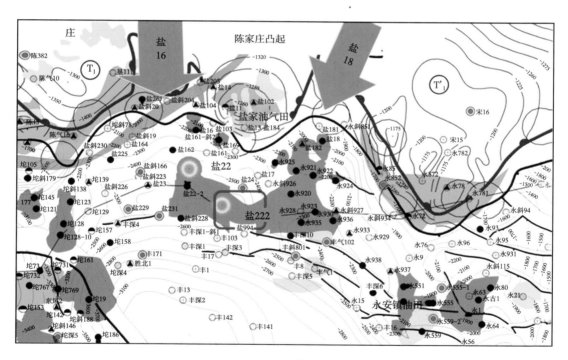

图 6-1　区块位置

二、油藏地质特征

1. 地层特征

本块自下而上钻遇了上太古界，新生界古近系沙河街组、东营组，新近系馆陶组和明化镇组，第四系平原组，其中沙四段为主要含油层系（表 6-1）。

Y222 块沙四段，在地震上表现为连续的中、强振幅反射，扇根反射较弱，并且反射特征杂乱，与扇中有较为明显的岩性界面。最终通过井震结合，旋回分级控制，将工区目的层划分为7期次、8期次和9期次。7期次地层厚度东南部和西北部较高，达200m以上，Y222井附近厚度较小，仅为100m左右；8期次地层厚度在西北部较高，达200m以上，向南部逐渐减薄；9期次砂砾岩分布范围较广，地层厚度100~300m，东南部和西北部厚度减薄，详见图6-2。

表6-1　区块地层分层统计表

系	组		厚度/m	岩性	埋深/m
第四系	平原组			略	
新近系	明化镇组			略	
	馆陶组			略	
古近系	东营组		100~800	下部以泥岩、泥质粉砂岩为主；中部粉砂岩、细砂岩及含砾砂岩；上部以泥质粉砂岩为主	
	沙河街组	沙一段	50~200	以中砂岩夹暗色泥岩薄层为主，下部为含螺灰岩，含有大量的生物化石	
		沙二段	150~250	粉砂岩、泥质粉砂岩与细砂岩互层，纵向上为向上变粗的粒序变化，属浅水湖泊—三角洲前缘相沉积。但是，该段在局部地区缺失	
		沙三段	>650	以暗色泥岩为主，夹多层油页岩，含泥质灰岩	
		沙四段	400~700	以砾岩、细砾岩、砾状砂岩、含砾砂岩为主，夹泥质砂岩和泥岩	3700~4300
前震旦系			未穿	花岗片麻岩，其中有分布不均的裂缝孔隙，沿孔隙常有油气显示	Y222井钻遇

2. 构造特征

研究区位于陈家庄凸起南翼古断剥面超覆带，构造特征主要受到凸起南缘基岩古地貌和陈南断裂活动的控制，砂砾岩扇体沉积区断层较少，构造相对简单。

总体表现为东西向沟、梁相间，自西向东发育Y16古冲沟、盐家鼻状构造、Y18古冲沟，鼻状凸起与鞍部沟谷相间，东西排列，近南北走向延伸（图6-3）；盐家鼻状构造向南延伸较短，可以进一步细分为两个鼻状构造，鼻状构造两翼较陡，鞍部较缓，有利于碎屑物快速堆积，在古冲沟内发育了各种类型的扇体。

Y16古冲沟、Y18古冲沟分别发育了Y22、永920砂砾岩油藏，砂砾岩体北部靠扇根侧向封堵，南部靠扇端岩性尖灭，东西两侧不同期次砂砾岩体错层尖灭，扇主体构造高部位已证实具有良好的含油性。位于两个古冲沟之间的Y222块同样发育砂砾岩体，构造形态是两个鼻状构造之间的鞍部，其砂砾岩体顶面构造为向西、南、东三个方向抬升，鞍部最大埋深4400m；钻探已证实古冲沟之间的低部位也含油，储集物性较好，同Y22砂砾岩有一定的沉积继承性。

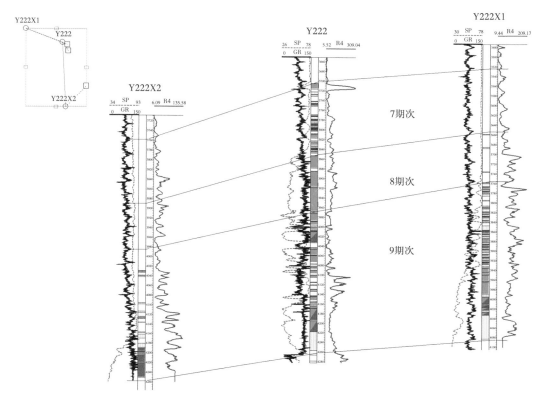

图 6-2 区块北西向地层对比剖面图

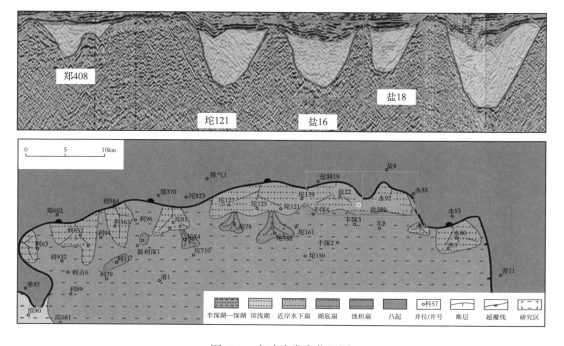

图 6-3 古冲沟发育位置图

Y222 块砂砾岩体构造相对简单，目的层埋深 3500~4200m，区内没有明显的断层发育，整体呈现单斜构造，自下而上有一定的继承性。区块内北西高南东低，地层由西北向东南倾斜，倾角 11°~16°，目的层顶面构造图详见图 6-4。

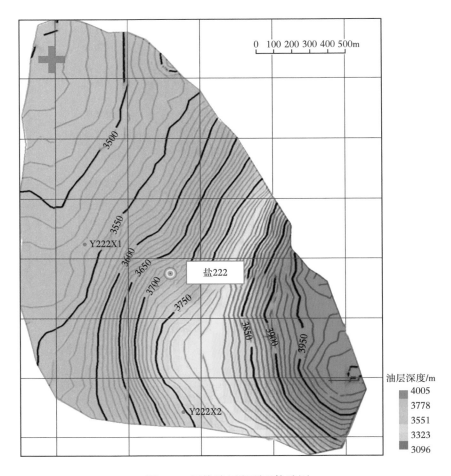

图 6-4　区块沙四段顶面构造图

3. 沉积特征

Y222 砂砾岩位于 Y16 古冲沟和 Y18 古冲沟中间的构造位置，砂砾岩扇体发育，为近岸水下扇沉积（图 6-5），有一定的沉积继承性。

由于 Y222 地区位于两条古冲沟的中间位置，受到东西双物源的影响。沉积初期，来自西部的物源充足，是主要的沉积物供应区。而到了沉积后期，随着填平补齐作用的影响，东部的沉积物也可以向本区供应。

Y222 单井相分析表明，从 9 期次至 7 期次整体向上变细，反映了水体由浅—变深—变浅—逐渐加深的特征；9 期次为湖侵进积沉积，8 期次为稳定加积沉积，7 期次为湖侵进积沉积。Y222 区块连井相分析显示，从 9 期次沉积中心位于 Y222 井和 Y222—斜 1 井，但砂砾岩沉积主体范围大，到 8 期次和 7 期次 Y222 井逐渐变为沉积中心（图 6-6）。

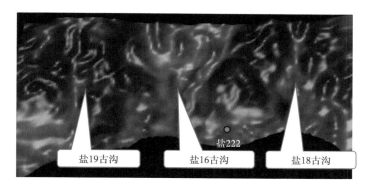

图 6-5　古近系古地貌图

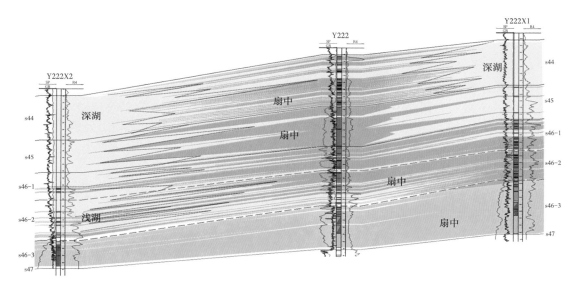

图 6-6　区块近南北向连井剖面相图

区域沉积资料表明，Y222 井区位于 Y16 古冲沟东翼，物源来自 Y16 古冲沟，受古地形限制，沙四上亚段砾岩体分布特征是沿古断剥面呈裙带分布，叠合连片。古冲沟主体部位向南推进的距离远，扇间结合部厚度相对小于主体。

9 期次沉积相平面图表明，沉积中心位于 Y222 井和 Y222—斜 1 井，砂砾岩沉积主体范围较大，Y222 井和 Y222—斜 1 井位于扇中沉积，扇根位于西北部［图 6-7（a）］；8 期次沉积相平面图表明，Y222 井位于优势河道发育区，Y222—斜 1 井发育分支河道，Y222 井和 Y222—斜 1 井位于扇中沉积，扇根位于西北部［图 6-7（b）］；7 期次沉积相平面图表明，Y222 井区逐渐变为沉积中心，但整个扇体的规模和范围都大大缩小，Y222 井和 Y222—斜 1 井位于扇中沉积，扇根位于西北部［图 6-7（c）］。

4. 储层特征

工区仅 Y222 井有岩心分析资料，共有 59 个数据点，岩心分析孔隙度直方图表明，孔隙度分布范围为 0~16%，主要分布在 2%~14%；渗透率分布范围为 0~32mD，主要分布在 0~4mD，因此，Y222 区块整体属于致密砂砾岩油藏。

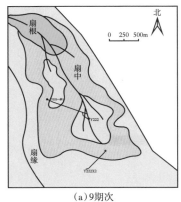
(a)9期次

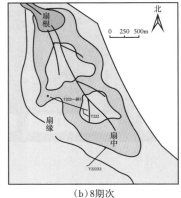
(b)8期次

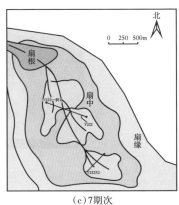
(c)7期次

图 6-7　区块沉积相图

根据 Y222 井全岩矿物分析，岩石主要由石英、钾长石、斜长石、方解石、白云石、黏土矿物和硬石膏组成，其中，石英含量 29%~38%，钾长石含量 14%~23%，斜长石含量 27%~39%，方解石含量 2%~12%，白云石含量 3%~11%，硬石膏含量 2%~3%，黏土矿物含量为 2%~7%，平均为 4.4%。根据黏土矿物 X 衍射分析统计，黏土矿物组分包括伊/蒙间层、伊利石、高岭石和绿泥石，详见表 2-2。

表 6-2　Y222 井矿物分析统计表

层位	矿物组分相对含量 /%						
	石英	钾长石	斜长石	方解石	白云石	黏土矿物	硬石膏
7 期次	29	15	39	2	9	4	2
	33	17	36	2	6	4	2
	32	15	37	2	5	7	2
	32	15	39	2	5	5	2
	32	14	38	2	7	5	2
	38	15	32	2	6	5	2
	29	16	35	2	11	5	2
8 期次	35	16	34	2	8	3	2
	32	19	33	2	7	5	2
	38	19	32	2	3	4	2
	35	18	36	2	4	3	2

续表

层位	矿物组分相对含量 /%						
	石英	钾长石	斜长石	方解石	白云石	黏土矿物	硬石膏
	34	17	36	2	4	5	2
	33	17	35	2	4	6	3
	32	15	33	12	3	3	2
	35	16	33	7	3	4	2
9 期次	31	23	31	3	5	4	3
	35	16	34	6	5	2	2
	30	19	30	6	7	5	3
	36	19	27	4	8	4	2
	33	18	30	5	8	5	3

根据 Y222 井润湿性分析资料，目的层段储层表现为强亲水特征，见表 6-3。

表 6-3　Y222 井岩心润湿性情况

井号	取心深度 /m	岩性描述	吸水 /%	吸油 /%	润湿类型
Y222	3716.16	棕褐色油浸砾状砂岩	44.39	15.7	强亲水

5. 流体性质及温度压力系统

1）流体性质

原油性质：Y222 块地面原油密度 0.8421g/cm³，地层原油密度 0.7217g/cm³，地层原油黏度为 1.17mPa·s，地面原油黏度 9.4mPa·s（50℃），凝点 30℃，属于稀油、低黏度、中凝点原油，原油性质相对较好。

地层水性质：根据 Y222 井地层水分析资料，沙四段总矿化度为 52290mg/L，氯离子含量 31358mg/L，水型为氯化钙型。

高压物性：根据 Y222 井高压物性资料，地层饱和压力 6.66MPa，体积系数 1.293，压缩系数 1.35，气油比 46.9。

2）温度及压力系统

根据 Y222 井测试资料，该块压力系数 1.01，地温梯度 3.3℃/100m，7 期次油层温度 145~152.3℃，8 期次油层温度 146℃，属常温、常压系统，详见表 6-4。

表 6-4　Y222 井压力及温度统计表

井号	期次	深度 /m	原始地层压力 /MPa	压力系数	油层温度 /℃	温度梯度 /（℃/100m）
Y222	8	3961	38.73	1.01	152	3.40
Y222	8	4220	41.63	1.01	160	3.48
平均				1.01		3.44

三、井型选择

Y222 块纵向发育大套砂砾岩储层，层多、厚度大并且含油井段长；平面上，砂砾岩体多期次重复叠置，横向变化快，储层连通性差。采用水平井开发动用油层厚度小，单井控制储量低，采用直井开发，纵向可以一次动用多套油层，增大单井控制储量，所以直井更符合该区块地质特征，具有更好的适应性。

四、试油试采特征

Y222 块有试采井 2 口（Y222 井、Y222—斜 1 井），5 个井次，其中 1 口井压裂投产，1 口井补孔后压裂，2 口井试采均出现自喷，初期产能为 1.5~20.7t/d，平均产能 9.9t/d。截至 2017 年 3 月，区块累计产油 10436t，累计产水 2208m³，Y222 井正常开井，目前产能 1.7t/d，累计产油 7727t。Y222—斜 1 井于 2009 年大修不成功停井，累计产油 2709t。

Y222 井自 2008 年 1 月投入开发，生产沙四段 8 期次，射孔井段为 3956~3966m，采油方式为泵抽。初期日产液 9.5m³，日产油 9.2t，含水率 3.3%。阶段末至 2008 年 6 月，日产液 4.2m³，日产油 4.1t，含水率 1.6%，累计产油 953t，累计产水 100m³。2008 年 7 月，Y222 井补孔上部沙四段 7 期次，射孔井段为 3710.2~3720m，与下部井段合采，初期自喷，日产液 16.8m³，日产油 14.2t，含水率 15.7%，自喷 28d 后停喷，转为泵抽，泵径为 44mm，冲程为 7m，冲次为 1.9 次 /min，阶段末至 2008 年 11 月，该井突然不出，停井之前日产液 9.7m³，日产油 9.3t，含水率 2.6%，阶段累计产油 1244t，累计产水 170m³。2009 年 1 月，Y222 井压裂补孔沙四段 8 期次，射孔井段为 3916~3923.5m，压裂液 85.3m³，加砂量为 28m³，全井段合采，采油方式为泵抽，泵径为 44mm，冲程为 7m，冲次为 1.6 次 /min，日产液 3.8m³，日产油 3.7t，含水率 2.5%，至 2017 年 3 月，日产液 1.8m³，日产油 1.7t，阶段累计产油 5530t，累计产水 435m³。

Y222—斜 1 井 2007 年 11 月压裂投产，生产沙四段 9 期次，射孔井段为 4166.5~4176m，采油方式为泵抽，初期日产液 5.9m³，日产油 1.5t，含水率 73.9%，阶段末至 2008 年 4 月，日产液 2.8m³，日产油 0.3t，含水率 66.7%，累计产油 145t，累计产水 619m³。2008 年 5 月，Y222—斜 1 井压裂补孔 9 期次上部，射孔井段为 4105~4108m、4115~4125m，压裂液 347.2m³，加砂量为 58m³，与下部井段合采，初期自喷，日产液 23.0m³，日产油 20.7t，含水率 10.2%，自喷 248d 后停喷，转为泵抽，泵径为 44mm，冲程为 6m，冲次为 1.8 次 /min，阶段末至 2009 年 10 月，日产液 1.0m³，日产油 0.7t，累计产油 2564t，累计产水 884m³。2009 年 11 月，该井大修不成功停井。

第二节 CO_2 吞吐蓄能开发参数设计

吞吐开发广泛应用于油田二次开发中，常应用于稠油油藏开发中，考虑到实际目标区块没有完整的井网布置方案及致密低渗透油藏难以进行水驱开发，所以对研究目标区块采用吞吐开发方式提高采出程度。油田吞吐开发设计包括吞吐介质选择及吞吐工艺参数设计，主要工艺参数有：注入量、注入速率、焖井时间、吞吐时机及吞吐轮次等。本节选择 CO_2 为吞吐介质进行吞吐参数设计，采用 CMG 数值模拟软件中组分模型功能开展 CO_2 吞吐开发参数设计研究，首先使用 CMG 中 Winprop 功能对地层流体组分及流体物性进行拟合计算，最后基于目标区块油藏性质建立概念模型对 CO_2 吞吐开发参数进行优化设计。

一、储层流体相态研究

一般黑油模型进行流体模拟时将烃类简单地分为油和气两种组分，且在模拟计算过程中各组分组成总量保持不变。所有流体组分参数仅与压力相关，并用气油比简单地描述原油在油气两相之间的转化过程。但在实际轻质油藏中，各组分与压力一样影响着流体性质，并且在对地层注气时油气的流动还会涉及组分间的传质、气体的析出和萃取等复杂的过程，导致实际情况下油气饱和度、密度、黏度等流体物性不是简单的仅与压力有关的函数。为此对于本节所研究的 CO_2 吞吐开发必须采用组分模型才能够更为准确地模拟计算原油组分及组成，决定采用 CMG 数值模拟软件中 Winprop 功能开展储层流体相态研究，拟合流体组分、生成组分流体模型，使整个注气吞吐过程中流体在地层的变化更接近实际情况。

1. 储层流体组分拟合

利用 CMG 数值模拟软件中 Winprop 功能进行地层流体组分组成拟合及流体物性的计算。该功能基于 Peng-Robinson（1978）状态方程进行计算，能够实现的各类实验主要有：恒组分膨胀、等容衰竭、多级分离、单相压缩计算及两相闪蒸等一系列流体室内实验。根据现场原油物性资料，主要计算参数有地层条件下原油密度、原油黏度，地面条件下原油密度、原油黏度，饱和压力，气油比。最后通过多级接触分离实验模拟计算流体的最小混相压力。

一般通过室内实验获得的流体组分种类比较齐全、数目较多，组分种类少则数十种，多则几十种。在利用数模软件进行流体物性计算时组分越多计算结果越准确，但是在后续注气模拟时会极大地增加模型计算量及运行时间，所以在进行原油物性计算前需要对组分进行合并。组分合并即将物化性质相似的组分合并为一类，生成一种新的组分；新组分物质的量或质量为被合并的组分之和，新组分性质由软件根据被合并组分性质通过相应计算所得。组分合并完成后，调整状态方程常用参数，比如：二元相互作用参数，或回归参数，对组分的性质进行拟合计算，最终使得新组分构成的原油在各条件下其物性能够在一定误差内与室内实验值保持一致。

目标区块原油组分种类较为简单，组分列表中无胶质、沥青质等重组分（表 6-5 和表 6-6）。考虑后续概念模型压裂后网格较多、计算量较大，在满足组分性质拟合合理前提下兼顾模型计算问题将各组分进行划分合并为三类即可，合并结果详见表 6-7。

表 6-5　目标区块油藏参数

油藏参数	参数值
油藏温度 /℃	152
油藏压力 /MPa	38.73
溶解气油比 /（m^3/t）	46.9
饱和压力 /MPa	6.60

表 6-6 目标区块地层原油组分表

组分	摩尔分数	备注
CO_2	0.009	
N_2	0.003	
CH_4	0.112	
C_2H_6	0.048	
C_3H_8	0.072	
i-C_4	0.01	
n-C_4	0.04	
i-C_5	0.014	C_{11+} 性质：
n-C_5	0.017	相对密度为 0.8709
C_6	0.043	分子量为 242.49
C_7	0.056	
C_8	0.072	
C_9	0.089	
C_{10}	0.081	
C_{11+}	0.333	

表 6-7 目标区块原油合并组分表

拟组分	摩尔分数
CO_2	0.0090
N_2—n-C_4	0.2128
i-C_5—C_{11+}	0.7782

　　一般 Winprop 调整参数时所选择的回归参数有：临界压力、临界温度、分子摩尔质量、偏心因子、Omega A，Omega B 等。流体类型不同，各参数具有不同的敏感性，选定回归参数后 Winprop 通过回归工具对参数进行调整，使流体物性参数能够与实验数据相吻合，流体实验值与组分拟合结果见表 6-8，拟合后流体各项物性参数与室内实验误差均小于 0.1%，说明该流体模型拟合精度较高，满足模型计算精度要求；该拟合结果下的各组分物化性质详见表 6-9。

表 6-8　原油物性拟合结果

原油物性	实验值	拟合值	误差
地层密度 / (g/cm³)	0.7217	0.7220	0.04%
地层黏度 / (mPa·s)	1.1700	1.1701	0.008%
地面密度 / (g/cm³)	0.8421	0.8416	0.06%
地面黏度 / (mPa·s)	9.400	9.401	0.01%
饱和压力 /MPa	6.60	6.59	0.3%

表 6-9　各组分物化性质

拟组分	临界压力 /atm	临界温度 /K	偏心因子	摩尔质量 / (g/mol)	Omega A	Omega B
CO_2	72.800	304.20	0.2250	44.01	0.4572	0.0778
N_2—n-C_4	32.995	494.67	0.0692	32.68	0.3658	0.0934
i-C_5—C_{11+}	26.530	852.96	0.6639	222.59	0.5487	0.0934

原油物性拟合结果满足精度要求说明所设计的组分及组成能够表达原油在各种条件下的原油性质，可以进行相关模拟研究。组分性质拟合之后可以进行组分其他相关计算，如：CO_2 最小混相压力等。同时使用 Winprop 原油物性拟合结果，生成得到 CMG 组分模型所需的流体组分数据，最后将该数据导入吞吐概念模型中进行吞吐参数优化研究。

2. 最小混相压力计算

1）经验公式计算方法

在油田二次采油中注入二氧化碳时最小混相压力起着至关重要的作用，一般在二氧化碳驱油藏中，高于最小混相压力条件下二氧化碳能够与地层原油实现混相，该条件下理论上二氧化碳的驱油效率能够接近 100%。因此判定地层条件下注入的 CO_2 是否能够与原油实现混相，对本节所研究结果具有重大的影响。由于缺乏相关的实验数据，本节选用侯大力等（2015）所提出的改进的在纯二氧化碳系统的 MMP 模型，该模型考虑了储层温度、C_{7+} 的相对分子质量、挥发性组分和中间组分，使用了改进的共轭梯度和全局优化算法，经过实验验证，该模型适用性更广、精度更高，计算值的绝对误差小于 1.5MPa。

最小混相压力（MMP）计算公式如下：

$$p = a\left[\ln\left(1.8T + 3.2\right)\right]^b\left[\ln\left(M_{C_{7+}}\right)\right]^c\left(1 + \frac{X_{vol}}{X_{med}}\right)^d \qquad (6-1)$$

式中　p——最小混相压力，MPa；

　　　T——油藏温度，℃；

　　　$M_{C_{7+}}$——C_{7+} 的摩尔分子质量；

　　　X_{vol}——原油中挥发性组分（$CH_4 + N_2$）的摩尔分数；

　　　X_{med}——原油中中间组分（CO_2，H_2S 和 C_2—C_4）的摩尔分数。

其中 $a=9.3397\times10^{-5}$，$b=3.9774$，$c=3.3179$，$d=1.7461\times10^{-5}$，根据油藏的参数表计算得到原油的最小混相压力为 17.5MPa。

2）CMG 数值模拟计算

数学经验公式都有其一定的局限性，对于组分模型不同组分由于注入介质会发生一定物化反应，该类反应数学经验公式都无法表征，所以数学模型的计算结果都有一定的误差。

因此基于 Winprop 组分拟合结果，同时采用数值模拟方法计算原油与二氧化碳的最小混相压力。将该结果与上文经验公式（6-1）计算结果进行对比，同时相互验证两种方法计算结果的准确性，为吞吐模型计算及设计提供相对准确的生产参数。采用 Winprop 模块中多级接触分离模拟实验计算得到在地层温度条件下二氧化碳最小混相压力为 18MPa。与经验公式方法所得最小混相压力 17.5MPa 相比较，两种方法获得的结果相差仅有 0.5MPa，所以两种方法的计算结果均具有较高的可靠性。

因此在设计概念模型生产开发方案中，天然能量衰竭生产阶段过程中模型的生产井井底流压必须大于 18MPa，满足吞吐注气时二氧化碳与地层原油实现混相的条件，因此设计该阶段模型的生产井井底流压为 20MPa，保证在整个生产过程中 CO_2 与储层原油能够一直处于混相状态。

二、CO_2 吞吐开发参数设计

由前文所述，目标区块物性范围较广，不同物性储层条件下其产能具有一定的差异性，在进行吞吐开发生产时不同储层对各开发参数具有不同的敏感性，所以本节针对现场实际地层进行吞吐开发参数设计研究，研究单井压裂后产能效果最佳时的吞吐开发参数取值。

第三节　示踪剂识别蓄能压裂裂缝

试验区中的先导试验水力压裂井 Y560-X3 井共压裂三段，总共形成七条裂缝。以第一段为例进行示踪剂返排曲线解释。其中第一段使用的示踪剂是油溶性示踪剂 FDS-01 和 FDY-01 两种示踪剂，对现场监测结果进行分析，绘制压裂示踪剂返排浓度曲线，如图 6-8 所示。

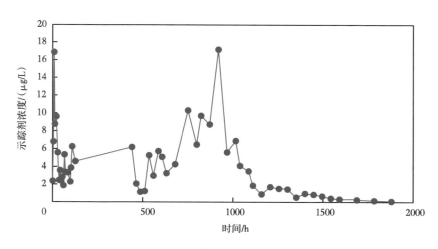

图 6-8　现场第一段示踪剂返排曲线

利用优化算法进行高斯拟合,拟合出的示踪剂返排曲线方程见式(6-2)。

$$f(x) = a_1 \cdot \exp\left[-\left(\frac{x-b_1}{c_1}\right)^2\right] + a_2 \cdot \exp\left[-\left(\frac{x-b_2}{c_2}\right)^2\right]$$
$$+ a_3 \cdot \exp\left[-\left(\frac{x-b_3}{c_3}\right)^2\right] + a_4 \cdot \exp\left[-\left(\frac{x-b_4}{c_4}\right)^2\right] + m \tag{6-2}$$

其中各变量对应的值见表6-10。

表 6-10 各变量所对应的值

变量	a_1	b_1	c_1
对应的值	13.72	915.8	40.34
变量	a_2	b_2	c_2
对应的值	9.733	12.5	10.37
变量	a_3	b_3	c_3
对应的值	10.37	5.817	777.8
变量	a_4	b_4	c_4
对应的值	4.082	468	867.2

其中拟合后判断拟合效果的参数 SSE,R_{square},Adjusted R_{square},RMSE 见表6-11。利用 MATLAB 编程进行高斯拟合,拟合后的第一段示踪剂浓度高斯拟合曲线如图6-9所示。

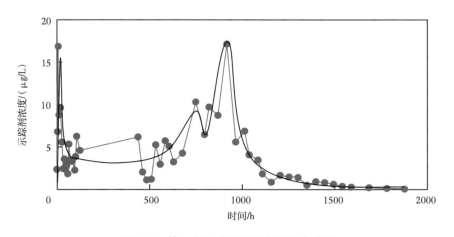

图 6-9 第一段示踪剂浓度高斯拟合曲线

表 6-11 拟合表征系数所对应的值

拟合表征系数	SSE	R_{square}	Adjusted R_{square}	RMSE
对应的值	149.6	0.7911	0.7322	1.959

观察图 6-9 可以发现，第一个为抛物线尖峰，初步推测压裂出的裂缝为一条高导流通道，且伴有分支裂缝存在。第二个是一个不明显的正态分布的单峰，初步推测压裂出的裂缝为微裂缝。第三个为正态分布的尖峰，初步推测压裂出的裂缝为一条高导流通道，周围的微裂缝可忽略不计。

将拟合出的曲线划分为四个部分分别作图，如图 6-10 所示。

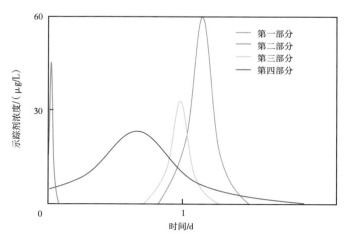

图 6-10　第一段各部分拟合曲线

根据高斯拟合可知裂缝中有两条高导流通道，即第一个和第三个峰，因为第二个峰对应的是一个不明显的正态分布的单峰，即可忽略不计，所以对第一个峰和第三个峰进行理论方程拟合。

第一个抛物线尖峰是高斯分布第二部分起主要作用，即：

$$f(x) = 9.733 \exp\left[-\left(\frac{x-12.5}{10.37}\right)^2\right] + 9.5823 \tag{6-3}$$

第二个正态分布的单峰是高斯分布第三部分起主要作用，即：

$$f(x) = 5.817 \exp\left[-\left(\frac{x-777.8}{93.33}\right)^2\right] \tag{6-4}$$

第三个正态分布的尖峰是高斯分布第一部分起主要作用，即：

$$f(x) = 13.72 \exp\left[-\left(\frac{x-915.8}{40.34}\right)^2\right] \tag{6-5}$$

（1）第一个抛物线尖峰是高斯分布第二部分起主要作用，即：

$$f(x) = 9.733 \exp\left[-\left(\frac{x-12.5}{10.37}\right)^2\right] + 9.5823 \tag{6-6}$$

对比可得 $\dfrac{\Delta x}{\sqrt{4\pi DRt}} = 9.733$，$\mu = \dfrac{v_i t}{R} = 12.5$，$2\sigma^2 = \dfrac{4Dt}{R} = 10.37$，$\dfrac{C_0 v_i t'}{\sqrt{4\pi DR\left(t + t_{\text{peak}}\right)}} = 9.5823$。

根据现场数据，已知 v_i 为 0.5106m/h，t 为 47.5h，联立上式即可解得 Δx 为 25.276m，R 为 1.9401，D 为 0.0381。即裂缝长 L 为 25.276m。

由现场数据可得，此时的"假定返排产出点"的位置在 $x=2v_it_i/R=25$m 处，即可化简式（5-108）为：

$$C_i = \frac{C_0 V \times 10^6}{\pi\sqrt{\frac{8}{3}R\alpha ns^2\left(Q_it_i+Q_ft_f\right)}}\exp\left[-\frac{\left(Q_it_i-Q_ft_f\right)^2}{\frac{8}{3}R\alpha ns^2\pi\left(Q_it_i+Q_ft_f\right)}\right]+\frac{t_{peak}t'}{t_i\sqrt{4\pi DR\left(t_i+t_{peak}\right)}} \qquad (6\text{-}7)$$

对比式（6-6）与式（6-7）可得 $\dfrac{C_0 V \times 10^6}{\pi\sqrt{\frac{8}{3}R\alpha ns^2\left(Q_it_i+Q_ft_f\right)}}$ =9.733，$\dfrac{t_{peak}t'}{t_i\sqrt{4\pi DR\left(t_i+t_{peak}\right)}}$

=9.5823，已知 V 为 1m³，t_i 为 1.1167h，t_f 为 47.5h，Q_i 为 325.88m³/h，Q_f 为 0.45m³/h，可得裂缝直径 b 为 0.00367m，即可得到裂缝渗透率为 117.1D，裂缝导流能力为 42.95mD·m，裂缝开度 s 为 0.0045m。

（2）第三个正态分布的尖峰是高斯分布第一部分起主要作用，即

$$f(x)=13.72\exp\left[-\left(\frac{x-915.8}{40.34}\right)^2\right] \qquad (6\text{-}8)$$

对比可得 $\dfrac{\Delta x}{\sqrt{4\pi DRt}}$ =13.72，$\mu=\dfrac{v_it}{R}$ =915.8，$2\sigma^2=\dfrac{4Dt}{R}$ =40.34。根据现场数据，已知示踪剂注入速度 v_i 为 0.5106m/h，示踪剂注入加返排时间 t 为 1752h，联立即可解出：示踪剂运移距离 Δx 为 77.125m，示踪剂滞留因子 R 为 1.2401，示踪剂综合扩散系数 D 为 0.0262。即裂缝长 L 为 77.125m。

由现场数据可得，此时的"假定返排产出点"的位置在 $x=2v_it_i/R=77.125$m 处。即可得出式（6-8）为：

$$C_i = \frac{C_0 V \times 10^6}{\pi\sqrt{4R\alpha nb^2\left(Q_it_i+Q_ft_f\right)}}\exp\left[-\frac{\left(Q_it_i-Q_ft_f\right)^2}{4R\alpha nb^2\pi\left(Q_it_i+Q_ft_f\right)}\right] \qquad (6\text{-}9)$$

即根据式（6-9）可得 $\dfrac{C_0 V \times 10^6}{\pi\sqrt{4R\alpha nb^2\left(Q_it_i+Q_ft_f\right)}}$ =13.72，根据现场施工参数，已知示踪剂体积 V 为 1m³，示踪剂注入时间 t_i 为 1.1167h，返排时间 t_f 为 1752h，示踪剂注入流量 Q_i 为 325.88m³/h，示踪剂返排流量 Q_f 为 0.45m³/h，可得裂缝直径 b 为 0.00322m，即可得到裂缝渗透率为 272.5D，裂缝导流能力为 88.84mD·m，裂缝开度 s 为 0.0039m。

根据第五章第三节所述的示踪剂返排浓度曲线解释方法，对现场三段压裂示踪剂返排曲线分别进行高斯拟合及理论方程拟合，然后根据现场示踪剂注入浓度、注入时间、返排时间等参数得到每段裂缝所对应的滞留因子、水动力扩散度、裂缝半长、裂缝宽度、裂缝渗透率、裂缝导流能力等裂缝参数，详情见表6-12。

表 6-12　裂缝参数

层段	裂缝	滞留因子	水动力扩散度	裂缝半长 / m	裂缝宽度 / m	裂缝开度 / m	裂缝渗透率 / D	裂缝导流能力 / (mD·m)
第一段	裂缝 1-1	1.9401	0.0381	25.276	0.0036	0.0045	117.10	42.95
	裂缝 1-2	1.2401	0.0262	77.125	0.0032	0.0039	272.50	88.84
第二段	裂缝 2-1	1.7524	0.0289	29.065	0.0035	0.0041	98.57	34.50
	裂缝 2-2	1.9526	0.0403	124.975	0.0027	0.0034	198.57	55.41
第三段	裂缝 3-1	1.9520	0.0978	135.625	0.0018	0.0024	492.50	88.65
	裂缝 3-2	1.9527	0.0859	77.135	0.0076	0.0085	146.50	91.36
	裂缝 3-3	1.1379	0.0341	194.525	0.0096	0.0108	263.90	253.34

由表 6-12 可知，试验区中的先导试验水力压裂井 Y560－X3 井在目标地层共压裂了三段，其中第一段压裂产生两条高导流裂缝，第二段压裂产生两条复合裂缝，第三段压裂产生两条复合缝和一条高导流裂缝，且裂缝滞留因子和水动力扩散度与实验测量数据吻合。现场要求裂缝半长大于 50m，即裂缝 1-2、裂缝 2-2、裂缝 3-1、裂缝 3-2、裂缝 3-3 的裂缝半长符合设计值。通过与现场微地震测量数据相比较，发现该示踪剂返排曲线解释方法得出的裂缝参数与真实裂缝相吻合。

第四节　现场效果评价

一、改造体积

利用井下微地震监测对蓄能体积压裂与常规压裂改造程度进行测试，结果表明蓄能体积压裂改造体积远大于常规压裂，如图 6-11 和图 6-12 所示。

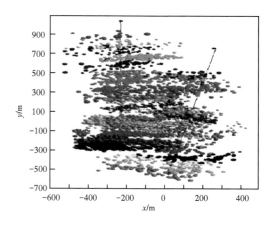

图 6-11　蓄能压裂井裂缝监测结果图

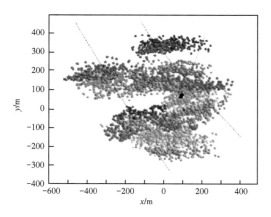

图 6-12　常规压裂井裂缝监测结果图

体积压裂井改造体积为 $1045×10^4m^3$，常规压裂井改造体积为 $386×10^4m^3$，体积压裂是常规压裂的 2.7 倍；蓄能体积压裂改造带宽达到 90~120m，常规压裂井带宽 50~70m，体积压裂是常规压裂的 1.8 倍。蓄能体积压裂方式有效提高了储层改造程度，为提高产量奠定了基础。

二、产量对比

蓄能体积压裂初期产液是常规压裂的 3.5 倍，产油是常规压裂的 4 倍；蓄能体积压裂稳产阶段产液是常规压裂的 4 倍，产油是常规压裂的 2 倍，如图 6-13 所示。

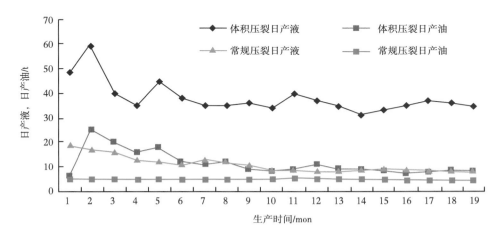

图 6-13　体积压裂与常规压裂井生产动态对比

三、压后蓄能效果评价

测试结果表明，通过蓄能体积压裂方式可有效补充地层能量，压后平均地层压力提高 30% 以上。系统试井解释储层中部压力为 27.75MPa，地层压力系数由 0.95 上升到 1.35，蓄能优势明显。

参 考 文 献

陈冬霞，庞雄奇，杨克明，等，2012. 川西坳陷中段上三叠统须二段致密砂岩孔隙度演化史 [J]. 吉林大学学报（地球科学版），42（S1）：42-51.

崔萍，刘义坤，2009. 利用示踪剂方法确定油藏地层参数和剩余油饱和度 [J]. 石油地质与工程，23（6）：55-58.

董姗姗，宫原野，2019. 拉普拉斯变换在广义积分及微分方程求解中的应用 [J]. 江汉大学学报（自然科学版），47（3）：227-230.

窦宏恩，马世英，2012. 巴肯致密油藏开发对我国开发超低渗透油藏的启示 [J]. 石油钻采工艺，34（2）：120-124.

杜金虎，刘合，马德胜，等，2014. 试论中国陆相致密油有效开发技术 [J]. 石油勘探与开发，41（2）：198-205.

方文超，姜汉桥，孙彬峰，等，2014. 致密油藏特征及一种新型开发技术 [J]. 科技导报，32（7）：71-76.

冯宝峻，1994. 油田井间示踪技术译文集 [M]. 北京：石油工业出版社.

符云锦，2014. 含参变量的拉普拉斯逆变换及其应用 [J]. 大理学院学报，13（12）：3-5.

高志亮，吴金桥，乔红军，等，2014. 一种新型酸性交联 CO_2 泡沫压裂液研制及应用 [J]. 钻井液与完井液，31（2）：72-75，78，101.

贡同，郭雨仙，匡力，等，2017. 多裂缝水平井产能影响因素定量化分析模拟实验研究 [J]. 能源与环保，39（9）：125-129.

贺银国，李同华，王志勇，2006. 数模井间示踪方法在吉林油田的应用 [J]. 石油管材与仪器，20（2）：46-48.

侯大力，罗平亚，王长权，等，2015. 高温高压下 CO_2 在水中溶解度实验及理论模型 [J]. 吉林大学学报（地球科学版），45（2）：564-572.

胡书勇，2003. 单井化学示踪剂法测残余油饱和度数值模拟研究 [D]. 成都：西南石油大学.

计秉玉，陈剑，周锡生，等，2002. 裂缝性低渗透油层渗吸作用的数学模型 [J]. 清华大学学报（自然科学版），42（6）：711-713.

贾承造，郑民，张永峰，2012. 中国非常规油气资源与勘探开发前景 [J]. 石油勘探与开发，39（2）：129-136.

贾承造，邹才能，李建忠，等，2012. 中国致密油评价标准、主要类型、基本特征及资源前景 [J]. 石油学报，33（3）：343-350.

姜瑞忠，杨双虎，1996. 多种示踪剂井间分析技术 [J]. 石油学报，17（3）：85-91.

金成志，2015. 水平井分段改造示踪剂监测产量评价技术及应用 [J]. 油气井测试，24（04）：38-39，42，76-77.

金成志，2015. 水平井分段改造示踪剂监测产量评价技术及应用 [J]. 油气井测试，24（4）：38-39.

景东升，丁锋，袁际华，2012. 美国致密油勘探开发现状、经验及启示 [J]. 国土资源情报，（1）：18-19，45.

李成玉，2016. 低渗透油藏直井产能预测方法研究 [D]. 青岛：中国石油大学（华东）.

李虹，魏金兰，杜晓炜，等，2012. 研究分析油藏工程的开采技术 [J]. 中国石油和化工标准与质量，32（6）：152.

李林凯，姜汉桥，李俊键，等，2017. 基于示踪剂返排的致密油压裂缝网评价方法 [J]. 特种油气藏，24（5）：102-106.

李淑霞，陈月明，1997. 井间示踪剂测试的数值模拟方法 [J]. 中国石油大学学报（自然科学版），25（3）：43-45.

李淑霞，陈月明，冯其红，等，2001. 利用井间示踪剂确定剩余油饱和度的方法 [J]. 石油勘探与开发，28（2）：73-75.

李树松，段永刚，陈伟，2006. 中深致密气藏压裂水平井渗流特征 [J]. 石油钻探技术，32（5）：65-69.

梁宏儒，薛海涛，卢双舫，等，2016. 致密油藏水平井水力压裂 CO_2 吞吐参数优化 [J]. 大庆石油地质与开发，35（4）：161-167.

梁顺，彭茜，李旖旎，等，2017. 水平井分段压裂示踪剂监测技术应用研究 [J]. 能源化工，38（4）：32-36.

林森虎，邹才能，袁选俊，等，2011. 美国致密油开发现状及启示 [J]. 岩性油气藏，23（4）：25-30，64.

凌建军，黄鹏，1996. 非混相二氧化碳开采稠油 [J]. 油气采出程度技术，（2）：13-19，81-82.

刘德军，2004. TC 在模拟地质条件下的吸附、扩散、弥散及水溶液化学行为研究 [D]. 北京：中国原子能科学研究院.

刘通义，董国峰，林波，等，2016. 一种清洁 CO_2 泡沫压裂液稠化剂的合成与评价 [J]. 现代化工，36（6）：92-95.

陆友莲，王树众，沈林华，等，2008 纯液态 CO_2 压裂非稳态过程数值模拟 [J]. 天然气工业，28（11）：93-95.

彭晖，刘玉章，冉启全，等，2014. 致密油储层水平井产能影响因素研究 [J]. 天然气地球科学，25（5）：771-777.

邱幸运，2019. 基于量子粒子群算法的工程项目多目标优化研究 [D]. 邯郸：河北工程大学.

苏玉亮，王文东，盛广龙，2014. 体积压裂水平井复合流动模型 [J]. 石油学报，35（3）：504-510.

苏玉亮，王文东，周诗雨，等，2014. 体积压裂水平井三线性流模型与布缝策略 [J]. 石油与天然气地质，35（3）：435-440.

孙建华，柳红春，刘鹏程，等，2003. 井间示踪监测技术在高含水油田提高采收率技术中的应用 [J]. 新疆石油天然气，15（2）：56-59.

王杰，2018. 多段压裂水平井示踪剂返排解释方法研究 [D]. 成都：西南石油大学.

王社教，蔚远江，郭秋麟，等，2014. 致密油资源评价新进展 [J]. 石油学报，35（6）：1095-1105.

魏立春，韩仁功，张萍，1996. 单井示踪剂法用于测定孤东小井距试验区复合驱前后残余油饱和度变化 [J]. 油田化学，22（1）：76-81.

吴金桥，李志航，宋振云，等，2008. AL-1 酸性交联 CO_2 泡沫压裂液研究与应用 [J]. 钻井液与完井液，135（6）：53-55，93.

徐严波，齐桃，杨凤波，等，2006. 压裂后水平井产能预测新模型 [J]. 石油学报，32（1）：89-91.

许洪星，魏攀峰，王祖文，等，2018. 无固相绒囊流体混合固相纤维的重复压裂暂堵技术 [J]. 非常规油气，5（4）：75-79.

杨二龙，宋考平，王梅，等，2007. 井间示踪技术求地层参数和剩余油饱和度 [J]. 油田化学，24（1）：8-11.

杨正明，刘学伟，张仲宏，等，2015. 致密油藏分段压裂水平井注二氧化碳吞吐物理模拟 [J]. 石油学报，（6）：88-93.

杨正明，张仲宏，刘学伟，等，2014. 低渗透 / 致密油藏分段压裂水平井渗流特征的物理模拟及数值模拟 [J]. 石油学报，35（1）：85-92.

姚恒申，彭克宗，1990. 互溶流体在多孔介质中的弥散 [J]. 西南石油学院学报，21（2）：38-47.

于金彪，宋道万，秦学杰，等，2003. 井间示踪剂解释模型研究 [J]. 油气地质与采收率，10（6）：42-44.

袁晓琪，2019. 华庆油田白257区长6油藏裂缝识别及水驱规律研究 [D]. 西安：西安石油大学.

曾保全，程林松，罗鹏，2010. 基于流线模拟的压裂水平井渗流场及产能特征 [J]. 西南石油大学学报（自然科学版），32（5）：109-113，192.

曾溅辉，杨智峰，冯枭，等，2014. 致密油储层油气成藏机理研究现状及其关键科学问题 [J]. 地球科学进展，29（6）：651-661.

战菲，2011. 榆树林油田 CO_2 吞吐开采参数优化数值模拟研究 [D]. 大庆：东北石油大学.

张德平，2011. CO_2 驱采油技术研究与应用现状 [J]. 科技导报，29（13）：75-79.

张锋三，沈一丁，任婷，等，2016. 磺酸型表面活性剂清洁压裂液的性能研究 [J]. 油田化学，33（1）：25-28.

张洪亮，2016. 利用随钻测井及示踪剂技术分析致密油藏水平井各压裂段产出特征 [J]. 长江大学学报（自然科学版），13（32）：74-78.

张军涛，王锰，吴金桥，等，2021. 一种酸化用温度响应型变黏度酸液体系的制备与评价 [J]. 应用化工，50（3）：605-609，614.

张席琴，张丽娟，2018. 志丹油田低渗透油藏压裂水平井布缝方式优化研究 [J]. 化工管理，33（22）：211-213.

张毅，姜瑞忠，郑小权，2001. 井间示踪剂分析技术 [J]，中国石油大学学报（自然科学版），25（2）：76-78.

张芝英，2004. 特低渗透油藏开发技术研究 [M]. 北京：石油工业出版社.

赵金洲，刘鹏，李勇明，等，2015. 适用于页岩的低分子烷烃无水压裂液性能研究 [J]. 石油钻探技术，43（5）：15-19.

赵梦云，赵忠扬，赵青等，2004. 中高温 VES 压裂液用表面活性剂 NTX-100[J]. 油田化学，（3）：224-226.

赵迎春，布仁满都拉，2016. 偏微分方程的积分变换法及其 MATLAB 解算 [J]. 现代计算机（专业版），2（9）：53-55.

郑爱萍，刘强，田永鹏，等，2012. 微地震水力压裂监测技术在浅层石炭系火山岩油藏中的应用 [J]. 特种油气藏，19（1）：120-123.

郑德温，王红岩，2013. 非常规油气资源勘探与开发技术 [M]. 北京：石油工业出版社.

周拓，刘学伟，王艳丽，等，2017. 致密油藏水平井分段压裂 CO_2 吞吐实验研究 [J]. 西南石油大学学报（自然科学版）（39）：131.

邹才能，陶士振，侯连华，2011. 非常规油气地质 [M]. 北京：地质出版社.

邹才能，陶士振，袁选俊，等，2009. 连续型油气藏形成条件与分布特征 [J]. 石油学报，30（3）：324-331.

邹才能，杨智，朱如凯，等，2015. 中国非常规油气勘探开发与理论技术进展 [J]. 地质学报，89（6）：979-1007.

邹才能，朱如凯，吴松涛，等，2012. 常规与非常规油气聚集类型、特征、机理及展望——以中国致密油和致密气为例 [J]. 石油学报，33（2）：173-187.

邹信芳，巩继海，胡仲敏，等，2013. 松辽盆地北部中浅层压裂返排液示踪监测技术 [J]. 大庆石油地质与开发，32（4）：86-89.

Abbaszadeh-Dehghani M, Brigham W E, 1984. Analysis of well-to-well tracer flow to determine reservoir layering[J]. Journal of Petroleum Technology 36 (10): 1753-1762.

Abedini A, Torabi F, 2015. Oil Recovery Performance of Immiscible and Miscible CO_2 Huff-and-Puff Processes[J]. Energy & Fuels, 28 (2): 774-784.

Ajani A A, Kelkar M G, 2012. Interference Study in Shale Plays[C]. SPE151045.

Armistead C G, Tyler A J, Hambleton F H, et al, 1969. Surface hydroxylation of silica[J]. The Journal of Physical Chemistry, 73 (11): 3947-3953.

Aronofsky J S, Masse L, Natanson S G, 1958. A model for the mechanism of oil recovery from the porous matrix due to water invasion in fractured reservoirs[J]. Transactions of the AIME, 213 (1): 17-19.

Arshad A, Al-Majed A A, Menouar H, et al, 2009. Carbon dioxide (CO_2) miscible flooding in tight oil Reservoirs: a case study[C]. SPE127616.

Austad, Matre T, Milter B, Saevareid J, Øyno A L, 1998. Chemical flooding of oil reservoirs 8. Spontaneous oil expulsion from oil-and water-wet low permeable chalk material by imbibition of aqueous surfactant solutions, Colloids and Surfaces A: Physicochemical and Engineering Aspects (137)117-129.

Ayanti S, 2003. Modeling tracers and contaminant flux in heterogeneous aquifers[J]. Physica Scripta, 2004 (2004): 22-30.

Baker R, 2001. Streamline Technology: Reservoir history matching and forecasting its success, limitations, and future[J]. Journal of Canadian Petroleum Technology, 36 (6): 197-202.

Baker R, 2018. Streamline Technology: Reservoir history matching and forecasting its success limitations, and future[J]. Petroleum Society of Canada, 35 (1): 4.

Bommer P M, Schechter R S, 1979. Mathematical modeling of in-situ uranium leaching[J]. SPE Journal, 19(6): 393-400.

Brigham W E, Smith D H, 2001. Prediction of tracer behavior in five-spot flow[J]. SPE, 32: 15-17.

Campbell S, Fairchild N R, et al, 2000. Liquid CO_2 and sand stimulations in the Lewis Shale, San Juan Basin, New Mexico: a case study. SPE Rocky Mountain Regional/Low Permeability Reservoirs Symposium and Exhibition, Denver, Colorado.

Cipolla C L, Lolon E, Mayerhofer M J, et al, 2009. Fracture design considerations in horizontal wells drilled in unconventional gas reservoirs[C]. SPE119366.

Clarkson C R, Williams-Kovacs J D, 2013. Modeling two-phase flowback of multifractured horizontal wells completed in shale[J]. SPE Journal, 18 (4): 795-812.

Deans H A, 1971. Method of determining fluid saturations in reservoirs[J]. Journal of Petroleum Technology, 12 (8): 148-154.

Deans H A, 1978. Using chemical tracers to measure fractional flow and saturation in situ[J]. Spe Symposium on Improved Methods of Oil Recovery, 25 (3): 964-969.

Emanuel A S, Milliken W J, 1997. The application of streamtube techniques to full field water flood simulation[J]. SPE, 12 (3): 211-218.

Fisher M K, Wright C A, Davidson B M, et al, 2002. Integrating fracture mapping technologies to optimize stimulations in the barnett shale[C]. SPE77441.

Garbis S J, Taylor J L, 1986. The utility of CO_2 as an energizing component for fracturing fluids[J]. SPE

Production Engineering, 1（5）: 351-358.

Ghaderi S M, Clarkson C R, Kaviani D, 2012. Evaluation of recovery performance of miscible displacement and WAG processes in tight oil formations[C]. SPE152084-MS.

Gunawan H, Susanto H, Widyantoro B, et al, 2012. Fracture assisted sandstone acidizing, alternative approach to increase production in tight sandstone reservoir[C]. SPE154947-MS.

Gupta D V S, Pierce R G, Elsbernd C L S, 2004. Foamed Nitrogen in Liquid CO_2 for Fracturing [P]. US 6729409 B1, May 4.

Hawthorne S B, Gorecki C D, Sorensen J A, et al, 2013. Hydrocarbon mobilization mechanisms from upper, middle, and lower bakken reservoir rocks exposed to CO[C]. SPE167200.

Heller J, Taber J, 1983. Development of mobility control methods to improve oil recovery by CO_2-Final report[C]. DOE/MC/10689-17.

Higgins R V, Leighton A J, 1962. Computer prediction of water drive of oil and gas mixtures through irregularly bounded porous media three-phase flow[J]. Journal of Petroleum Technology, 14（9）: 1048-1054.

Hill B, Hovorka S, Melzer S, 2013. Geologic carbon storage through enhanced oil recovery[J]. Energy Procedia, 37: 6808-6830.

Hoefling T A, Enick R M, Beckman E J, 1991. Microemulsions in near-critical and supercritical carbon dioxide[J]. The Journal of Physical Chemistry, 95（19）: 7127-7129.

Iwere, Heim, Cherian, 2012. Numerical simulation of enhanced oil recovery in the middle bakken and upper three forks tight oil reservoirs of the williston basin[C]. SPE154937.

Joo J I, Wu D, Mendel J M, et al, 2009. Forecasting the post fracturing response of oil wells in a tight reservoir[C]. SPE121394.

Kabir S, Rasdi F, Igboalisi B, 2011. Analyzing production data from tight oil wells[C]. SPE137414.

Kim T H, Cho J, Lee K S, 2017. Modeling of CO_2 flooding and huff and puff considering molecular diffusion and stress-dependent deformation in tight oil reservoir[C]. SPE185783.

Kyte J R, Rapoport L A, 1958. Linear waterflood behavior and end effects in water-wet porous media[J]. Journal of Petroleum Technology, 10（10）: 47-50.

Larsen A, Urkedal H, Lonoy A, 2009. Fluid pressure gradients in tight formations[C]. SPE121982.

Leng Z, Lv W, Ma D, et al, 2015. Characterization of Pore Structure in Tight Oil Reservoir Rock[C]. SPE 176358-MS.

Li L K, Pinprayong V, Meng F J, 2018. Fracture network evaluation using tracer flowback: a case study[J]. SPE, 18（9）: 273.

Li L, Jiang H, Li J, 2018. Fracture quantitative characterization using tracer flowback for multistage fracturing horizontal well in tight oil[J]. SPE, 18: 972.

Lichtenberger G J, 1991. Field applications of interwell tracers for reservoir characterization of enhanced oil recovery pilot Areas[J]. SPE, 26: 194-201.

Liu G, Sorensen J A, Braunberger J R, et al, 2014. CO_2-based enhanced oil recovery from unconventional reservoirs: a case study of the bakken formation[J]. SPE168979.

Ma S, Zhang X, Morrow N R, 1999. Influence of fluid viscosity on mass transfer between rock matrix and fractures[C]. J Can Pet Tech: 38（7）: 25-30.

Manchanda R, Bryant E C, Bhardwaj P, et al, 2018. Strategies for effective stimulation of multiple perforation clusters in horizontal wells[J]. SPE Production & Operations, 33（3）: 539-551.

Maxwell S C, Urbancic T I, Steinsberger N, et al, 2002. Microseismic imaging of hydraulic fracture complexity in the barnett shale[C]. SPE77440.

Mayerhofer M J, Lolon E P, Youngblood J E, et al, 2006. Integration of microseismic-fracture-mapping results with numerical fracture network production modeling in the barnett shale[C]. SPE102103.

Mayerhofer M J, Lolon E, Warpinski N R, et al, 2010. What is stimulated reservoir volume? [C]. SPE119890.

Murray M D, Frailey S M, Lawal A S, 2001. New approach to CO_2 flood: soak alternating gas[C]. SPE70023.

Reidenbach V G, Harris P C, Lee Y N, et al, 1986. Rheological study of foam fracturing fluids using nitrogen and carbon dioxide[J]. SPE Production Engineering, 1（4）: 245-254.

Samuel A Moaon, III, Keeffr D J, Counce R M, et al, 2004. Thermodynamic Method for prediction of surfactant-modified oil dropletcontact angle[J]. Journal of Colloid and Interface Science, 270（1）: 229-241.

Samuel M M, Al-Jalal Z, Nurlybayev N, et al, 2023. Novel Carbon Dioxide（CO_2）Foamed Fracturing Fluid, an Innovative Technology to Minimize Carbon Footprint[C]//Middle East Oil, Gas and Geosciences Show. OnePetro.

Sarshar S M M, 2012. The recent applications of jet pump technology to enhance production from tight oil and gas fields[C]. SPE152007.

Settari A, Aziz K, 1975. Treatment of nonlinear terms in the numerical solution of partial differential equations for multiphase flow in porous media[J]. International Journal of Multiphase Flow, 1（6）.

Shafer J M, 1987. Reverse pathline calculation of time-related capture zones in nonuniform flow[J]. Groundwater, 25（3）: 283-289.

Sinha R, 2004. Simulation of natural and partitioning interwell tracers to calculate saturation and sweptvolumes in oil reservoirs[J]. Spedoe Symposium on Improved Oil Recovery, 20（4）: 69-70.

Tang J S, 1995. Partitioning tracers and in-situ fluid saturation measurements[J]. SPE, 10（1）: 33-39.

Tang J S, Harker B J, 1991. Interwell tracer test to determine residual oil saturation in a gas- saturated reservoir[J]. SPE, 30（3）: 69-70.

Tang J S, Zhang P X, 2000. Effect of mobile oil on residual oil saturation measurement by interwell tracing method[C]. SPE.

Tang J, 2002. Analytical methods for determining residual oil saturation from interwell partitioning tracer tests[J]. SPE, 39（2）: 135-138.

Thiele M R, 1995. Modeling flow in hterogo-neous media using streamtubles[J]. SPE, 19: 14.

Valko P P, Economides M J, 2012. On the fracture height migration under unified fracture design optimization[C]. SPE 161641.

Wagner R, Baker L E, Scott G, 1974. The design and implementation of multiple tracer program for multifluid, multiwell in jection projects[J]. Socpeteng, 5（1）: 25.

Wang X Q, Wang Z M, Zeng Q S, et al, 2015. Non-Darcy effect on fracture parameters optimization in fractured CBM horizontal well[J]. Journal of Natural Gas Science and Engineering, 27: 1438-1445.

Wang Z, Ma J, Gao R, et al, 2013. Optimizing cyclic CO_2 injection for low- permeability oil reservoirs through experimental study[C]. SPE167193.

Warpinski N R, Mayerhofer M J, Vincent M C, et al, 2008. Stimula-ting umconventional reservoirs: maximizing network growth while optimizing fracture conductivity[R]. SPE Umconventional Reservoirs Conference, 10-12 February, Keystone, Colorado, USA.SPE 114173.

Wood K N, Tang J S, Luckasavitch R J, 1990. Interwell residual oil saturation at leduc miscible pilot[J]. SPE, 37: 148-154.

Yang D, Cui H, Zhang Q, et al, 2000. Tracer technology for water-alternating-gas miscible flooding in pubei oil field[J]. SPE, 25 (8): 11.

Yang M, Valko P P, Economides M.J, 2012. On the fracture height migration under unified fracture design optimization[C]. SPE161641.

Yang Y, Birmingham T J, Kremer A, 2009. From hydraulic fracturing, what can we learn about reservoir properties of tight sand at the wattenberg field in the denver-julesburg basin? [C]. SPE123031.

Yu W, Lashgari H, Sepehrnoori K, 2014. Simulation study of CO_2 huff-n-puff process in bakken tight oil reservoirs[C]. SPE169575.

Zhang K, Sebakhy K, Wu K, et al, 2015. Future trends for tight oil exploitation[J]. SPE175699.

Zolfaghari A, Deheghanpour H, Bearinger D, 2016. Fracture characterization using flow back salt-concentration transient[J]. SPE Journal, 52 (1): 13-14.